国家自然科学基金项目（41730109）资助

地基 GNSS 水汽反演技术在极端天气监测中的应用

何琦敏　张克非　著

中国矿业大学出版社

·徐州·

内 容 简 介

本书主要研究了地基 GNSS 气象学在极端天气中的应用问题,是作者的原创性成果。本书主要介绍了利用地基 GNSS 水汽反演技术监测极端天气的相关理论与应用,对大气改正模型进行深入探讨,优化了 GNSS 水汽反演技术中的关键参数模型,对不同数据处理和观测模式的 GNSS 水汽产品进行了精度评估。同时介绍了高精度的 GNSS 水汽监测系统搭建方法,分析了极端天气条件下的水汽、温度、气压、风速和降雨量等多气象参数之间的关系,建立了一种基于 GNSS 高时间分辨率水汽资料监测台风运动的几何模型。

本书可作为大地测量学、应用气象学和环境信息学等相关专业的高年级本科生、研究生的学习参考书,也可作为相关专业教学科研人员的参考书。

图书在版编目(C I P)数据

地基 GNSS 水汽反演技术在极端天气监测中的应用/
何琦敏,张克非著. —徐州:中国矿业大学出版社,2022.5
　ISBN 978 - 7 - 5646 -5318 - 7

　Ⅰ. ①地⋯　Ⅱ. ①何⋯②张⋯　Ⅲ. ①全球定位系统—
应用—异常天气—监测—研究　Ⅳ. ①P44

　中国版本图书馆 CIP 数据核字(2022)第 039567 号

书　　　名	地基 GNSS 水汽反演技术在极端天气监测中的应用
著　　　者	何琦敏　张克非
责任编辑	周　红
出版发行	中国矿业大学出版社有限责任公司
	(江苏省徐州市解放南路　邮编 221008)
营销热线	(0516)83884103　83885105
出版服务	(0516)83995789　83884920
网　　　址	http://www.cumtp.com　E-mail:cumtpvip@cumtp.com
印　　　刷	广东虎彩云印刷有限公司
开　　　本	787 mm×1092 mm　1/16　印张 9.25　字数 237 千字
版次印次	2022 年 5 月第 1 版　2022 年 5 月第 1 次印刷
定　　　价	55.00 元

(图书出现印装质量问题,本社负责调换)

前　言

全球导航卫星系统(Global Navigation Satellite Systems,GNSS)作为一项颠覆性的导航技术,在诸多重要领域(例如测绘、气象、交通、环境和农业等)都得到了广泛的应用。GNSS作为一种新型的水汽探测手段,具有重要的研究前景和应用潜力。它克服了传统气象观测水汽的诸多缺点(成本高、时间分辨率低、仪器偏差与漂移影响较大、易受天气影响等),从而能够全天候地获取全球大气水汽信息,实时反映大气环境的变化规律。GNSS气象学作为一项快速发展的学科,在多尺度的天气灾害事件监测与预报模型的应用研究方面还有很大空间。

本书围绕地基GNSS水汽反演技术中关键参数的改正模型、数据处理系统以及水汽产品在极端天气中的应用开展了一系列的研究与分析。针对GNSS水汽反演技术中区域大气改正模型的构建、区域加权平均温度模型的优化、高精度GNSS水汽处理系统的搭建和地基GNSS水汽产品在台风中的应用等关键科学与应用问题展开深入的研究和讨论,改进了GNSS水汽反演技术中的关键参数建模精度,为利用高分辨率的GNSS水汽资料研究台风等动力学天气的短临预报提供了一种新的思路。然而,目前GNSS气象学的研究与应用仍然处在前期的发展过程中,希望读者和相关研究人员通过阅读本书得到一定的启发,进一步改进和完善GNSS气象学。

本书主要内容来源于第一作者博士期间在导师指导下开展的相关研究以及参与张克非教授主持的国家自然科学基金重点项目期间所取得的部分学术成果。本书的出版得到了国家自然科学基金重点项目"GNSS＋水汽探测研究及其在极端天气和气候变化中的创新应用"(项目编号:41730109,主持人:张克非)的资助。在项目研究过程中,导师张克非给予了悉心指导,在本书撰写过程中,提出了许多宝贵意见。苏州科技大学地理科学与测绘工程学院各位老师也为本书的出版提供了支持与帮助。在此,向他们一并表示衷心感谢。

由于作者水平有限和时间仓促,书中不足之处在所难免,敬望各位专家和读者海涵指正。

著　者

2022 年 2 月

目　录

第一章　绪论 ··· 1
　　第一节　研究背景与意义 ··· 1
　　第二节　国内外研究现状 ··· 3
　　第三节　本书主要研究内容 ··· 10

第二章　大气水汽反演理论 ··· 12
　　第一节　地基 GNSS 水汽反演 ··· 12
　　第二节　探空数据水汽反演 ··· 20
　　第三节　大气再分析资料水汽反演 ··· 22
　　第四节　本章小结 ··· 24

第三章　区域大气改正模型 ··· 25
　　第一节　常用的大气经验模型 ··· 25
　　第二节　基于 ERA5 的中国区域大气经验模型构建 ······························ 28
　　第三节　常用的大气插值模型 ··· 35
　　第四节　基于 IAGA 模型改进的时空 Kriging 大气插值模型 ··················· 43
　　第五节　本章小结 ··· 54

第四章　区域大气加权平均温度模型 ··· 55
　　第一节　几种气象要素和地理高度与 T_m 的相关性分析 ······················· 55
　　第二节　基于地表气象参数和高程改正的 T_m 单因子回归模型 ··············· 61
　　第三节　基于地表气象参数的多因子 T_m 改正模型 ····························· 64
　　第四节　本章小结 ··· 70

第五章　高精度地基 GNSS 水汽监测系统与精度验证 ··································· 72
　　第一节　软件介绍 ··· 72
　　第二节　实时 GNSS-PWV 精度分析 ·· 75
　　第三节　台风天气下 GNSS-PWV 精度分析 ·· 79
　　第四节　本章小结 ··· 84

第六章　利用地基 GNSS 水汽产品研究极端天气事件 ·········· 85

　　第一节　地基 GNSS 水汽产品在典型极端天气中的应用 ·········· 85

　　第二节　台风天气下大气参数的变化特征 ·········· 87

　　第三节　利用高时空分辨率水汽资料监测台风运动 ·········· 100

　　第四节　本章小结 ·········· 108

第七章　结论与展望 ·········· 109

　　第一节　结论 ·········· 109

　　第二节　展望 ·········· 111

附录 ·········· 112

参考文献 ·········· 128

第一章　绪　论

第一节　研究背景与意义

地球的大气圈也称为大气层,是地球空间环境的主要载体,它的内部属性变化将直接影响到人们的日常生活和人类社会的可持续发展[1]。大气层的存在为地球提供了一把保护伞,它不仅将各种紫外线等阻挡在外,也减轻了地球面临的小陨石撞击危险[2]。依据不同高度,大气层整体上可粗略划分为对流层、平流层、中间层和电离层[3]。各层之间并没有明确的界限,大气层各分层的高度会受到当地经纬度、气温、气压和海拔等多种因素的影响。

作为邻近地表的地球大气层重要组成,对流层是空气密度最高的气层,同时也是与人类日常生活关系最密切的部分。它在大气圈中的质量占比约75%,许多天气现象诸如雨雪、冰雹、雾霾等均与对流层区域中的大气变化密切相关[4-6]。水汽作为对流层中的主要温室气体,在气候变化、水文循环、大气辐射等大气交换过程中扮演着重要角色,水汽的分布、运移和状态变化将直接影响着气候和天气变化[7-9]。

水汽在全球区域的大气辐射、水资源循环等过程中处于重要位置,多种极端灾害天气的演变都是由水汽的快速变化造成的。近年来,全球范围极端天气事件频发,给社会经济带来严重影响。极端天气事件举不胜举,例如1999年黑龙江干流出现的史上最大洪涝,2003年夏季的欧洲热浪,2005年登陆美国的卡特里娜飓风,2008年初中国南方的冰冻雨雪灾害,2009—2012年连续四年的中国西南大旱,2010年6—8月席卷全球的多种事件(北半球高温热浪与南半球低温、肆虐南亚和中国的暴雨洪水及其次生滑坡泥石流灾害),2013年黑龙江、松花江同时发生的流域性洪水,2014年上海经历的近25年来第一个登陆台风"凤凰",2016年6月江苏省多地出现的强对流天气,2017年内蒙古遭遇空气质量指数超过500的沙尘暴天气及湖南遭遇历史罕见的特大洪水袭击,2018年9月超强台风"山竹"对我国东南地区的袭击。因此,极端天气灾害引起了全球各界的极大关注。我国是世界上受热带气旋(台风)灾害影响最为严重的国家之一。2019年在西北太平洋和南海海域共产生了33个热带气旋,超强台风总数达6个,其中有5个登陆我国,其中2019年于浙江省温岭市登陆的超强台风"利奇马"共造成1 402.4万人受灾,57人死亡,14人失踪,209.7万人紧急转移安置,直接经济损失达537.2亿元。我国也是洪涝灾害尤为严重的国家,城市规模扩大和城市热岛效应的加强引起城市强对流天气频繁发生。在 2020 年我国发生的洪涝灾害中,截至该年 7 月 10 日 14 时,已造成浙江、安徽、江西等 20 多省(区、市)3 000 多万人次受灾,100 多人死亡失踪,数万间房屋倒塌,数千万公顷农作物不同程度的破坏,直接经济损失高达 600 多亿元。2021 年 7·20 河南郑州特大暴雨事件造成了严重损失,农作物受灾面积 1 048.5 ×10³ ha,成灾面积 527.3×10³ ha,绝收面积 198.2×10³ ha;倒塌房屋 1.80 万户 5.76 万间,严重损坏房屋 4.64 万户 16.44 万间,一般损坏房屋 13.54 万户 61.88 万间;遇难人数达 292 人,失踪人数达 47 人。

同时,国家防汛抗旱总指挥部资料表明,我国每年平均有 100 多个城市受到外洪内涝的威胁,最为典型的是 2016 年武汉市受强厄尔尼诺影响,受到暴雨影响的城区地段出现了内涝灾害,重要的交通受阻,财产损失严重。2018 年 10 月 11 日,联合国减灾办公室发表的统计报告《1998—2017 年经济损失、贫困和灾害》,指出了气候变化增加了极端天气事件的出现频率和破坏程度,在易受天气灾害侵袭的地区,灾害风险依然是阻碍人类可持续发展的重要因素。1998—2017 年期间台风、热浪和干旱等自然灾害,给全世界造成的经济损失超过 2.9 万亿美元,其中由气候变化相关的灾害造成的损失约 2.45 万亿美元。联合国减灾事务人员表示,极端天气不仅对经济可持续发展造成伤害,还是消除贫困的重大制约因素。联合国政府间气候变化专门委员会(Intergovernmental Panel on Climate Change,IPCC)在管理极端事件和灾害风险促进气候变化特别报告中指出,在全球区域内,高温的天气将变得更加炎热,气候变化引起的暴雨、干旱等极端天气事件将显著增加。

传统的水汽探测方法主要包括无线电探空仪(Radiosonde,RS)、微波辐射计、太阳光度计和卫星遥感等[10,11]。这些传统的水汽探测方法存在很多缺陷,例如时间分辨率低、难以捕捉水汽短时间的快速变化、无法用于精确探测水汽传输和运移规律,从而约束了数值气象预报的准确度。自 1992 年 M. Bevis 等[12]提出 GPS 气象学理论以来,全球导航卫星系统(GNSS)气象学得到了迅速发展,并用于气象预报领域的研究。GNSS 观测值具有实时、连续、高时间分辨率和不受气候状况影响等特征,为传统大气探测手段提供了有力的补充[13,14]。GNSS 大气探测技术具有运行成本低、时间分辨率高、全天候、无漂移、仪器偏差小以及观测稳定等特点,与传统的气象观测方法形成互补,可为低空水汽探测和气候监测预报提供相对独立的信息源。

从 20 世纪 70 年代开始,被誉为重要空间基础设施的全球定位系统(GPS)不断地发展与完善,在满足了军事需求初衷的同时,逐步发展成为多频、多模、多系统的 GNSS 定位服务和导航体系,为测绘和位置服务带来了革命性变化。尤其自 2013 年国际导航卫星系统服务(International GNSS Service,IGS)成立的 GNSS 实时服务专题工作小组正式提供实时卫星轨道和钟差产品服务以来,该技术已广泛应用于实时对流层建模领域,可为研究短时极端天气研究提供更多的基础数据支持。随着 GNSS 的快速发展,卫星跟踪技术在大气反演方面取得的前沿先导性研究成果以及国际上 IGS 等机构提供的高精度实时产品,为高精度、高分辨率 GNSS 水汽信息的实时解算奠定了基础。目前,正值北斗三代系统全面组网的完成,与之而来的是观测卫星数量、频率和星座的进一步增加及完善,这些为加强我国在 GNSS 气象应用领域方面的工作提供了更为有利的数据条件,也为监测水汽总量、空间分布和变化,有效提高短时间极端天气预报精度提供了新的技术手段,克服了传统水汽探测技术的缺点。利用 GNSS 开展水汽探测创新应用,有助于提升我国极端天气监测与预警能力,提高 GNSS 服务能力和产业应用水平。

第二节 国内外研究现状

最初大地测量学家们利用 GPS 进行定位的时候并没有意识到可以利用载波相位进行观测,直到 1980 年美国麻省理工学院的 Charles Counselman 团队在 Haystack 天文台的停车场上第一次用研制的 GPS 接收仪实现了载波相位定位,并且达到了厘米级精度,才使得后来 GPS 的研究和应用变得如火如荼。随着大地测量在以地球物理为代表的其他地学中的快速应用与发展,由于甚长基线干涉测量(VLBI)和卫星激光测距(SLR)的接收设备成本昂贵,大地测量学家与地学家对 GNSS 定位的期望精度也与日俱增。GPS 的信号在传播过程中会受到大气延迟的影响,该误差便是制约 GPS 模糊度准确固定的主要因素。在早期,学者们大多数采用双差模式获取较高精度的基线向量来确定坐标,该方法对于较短的基线更适用,这是因为基线两端的各种误差基本上被消除甚至可以忽略不计,但该模式的定位精度随着基线距离的增长而增大[15-19]。

大气延迟是影响 GNSS 定位的重要误差源,学者们最初采用大气建模或者水汽辐射计的方式来改正大部分电离层和对流层误差的影响,如今采用单频观测量进行定位时仍采用该方法削弱误差,后来将其作为未知参数与位置等参数共同参与解算,这便为气象学家提供了获取气象数据的新方法。在 GNSS 水汽探测技术发展之初,大气水汽的探测主要依赖于探空气球、水汽辐射计、卫星遥感等[20-23]传统手段。随后 Bevis 等提出利用地基 GPS 探测大气可降水量(precipitable water vapor,PWV)[12],使得 GNSS 气象学作为一门新的科学而诞生,GNSS 大气产品在气象领域的应用受到了国内外学者的广泛关注[24-29]。尤其近些年实时 GNSS 技术的发展,为实时 GNSS 水汽反演研究奠定了良好的基础[30-32]。

目前 GNSS 气象学研究主要围绕 GNSS 对流层水汽反演精度评估、对流层模型改正以及 GNSS 水汽产品在气象预报和气候变化中的应用研究为主。

一、GNSS 对流层水汽反演研究

在卫星大地测量学中,对流层天顶湿延迟(zenith wet delay,ZWD)一般和接收机钟差、坐标以及模糊度等未知量作为待估参数参与高精度 GNSS 数据处理中。地基 GPS 探测大气的设想是由 Askne 和 Nordius[33]在 1987 年最早提出的,1988 年 JPL 分析中心的 Tralli 等指出随机游走和一阶马尔科夫过程可用于大气的湿延迟建模[34,35],湿延迟可单独作为未知参数参与到基线估计中。Tralli 的研究结果证明该方法用于 GPS 定位中能够提升精度[36],其中高程方向的精度明显提高,并用该结果和 VLBI 的结果进行了比较,两者具有较高的符合度。随后,Bevis 等在 1992 年发表文章首次提出了 GPS 气象学[12]的概念,利用 GPS 解算的 ZWD 反演了大气整层水汽,并与探空数据和水汽辐射计等方法计算的 PWV 进行验证,其精度可达 2~3 mm。自此,GPS 气象学开始迅猛发展,国内外学者们开始对

GPS 水汽产品的适用性开展了大量研究。Braun、Emardson、Wolfe 等[37-39]在不同地区开展的 GPS 反演水汽实验都已表明,该技术反演的 PWV 与其他高精度水汽探测手段相比精度可达 1～2 mm。1993 年 5 月,美国进行了第一次地基遥感水汽的实验——GPS/STORM,通过与水汽辐射计观测的水汽含量进行了对比,结果表明 GPS 估计的 PWV 精度为 1～1.5 mm,证明了利用地基 GPS 数据反演 PWV 的可行性[40],且其具有连续、动态监测大气水汽的能力。Byun 等[41]研究了一种新型国际 GNSS 服务(International GNSS Service,IGS)对流层天顶延迟产品,并讨论了天线相位中心对求解天顶对流层延迟(zenith total delay,ZTD)产品的影响。国内同样有不少学者对 GNSS 反演 PWV 精度进行了研究。陈俊勇[42]讨论并分析了利用地基 GPS 反演大气水汽过程中的误差源以及由这些误差引起的水汽估计偏差。李成才、毕研盟等[43,44]利用探空数据验证了 GPS 水汽含量的精度。宋淑丽[45]等在提高 GNSS 水汽产品精度、天气预报和气候监测方面进行了大量研究。丁金才等[46,47]利用 2002 年建成的长江三角洲地区 GPS 网对台风 Ramasun 影响下的华东沿海地区 PWV 进行探测,结果表明 GPS-PWV 与 RS-PWV 高度一致。李国平等[48]通过利用 GPS 水汽反演技术成功探测了成都地区上空的水汽含量。徐韶光[49]研究了动态 GNSS 水汽探测的理论与方法,提出了一种基于 PPP 改进的对流层模型改善对流层的估计精度,并用于中国香港地区的暴雨事件分析。曹云昌等[50,51]利用安徽 GPS 外场试验和北京 GPS/VAPOR 试验积累的观测资料对 GPS-PWV 与局地降水之间关系进行定量分析,同时分析了利用 IGS 提供的预报星历进行 GNSS 近实时探测水汽的可行性。

20 世纪 90 年代后期至今,国际上开展了一系列的大型试验评估 GNSS 探测大气的可靠性,该项技术经过 20 多年的发展逐渐成熟。针对不同地区、不同天气条件下的水汽探测,已经过大量实验检验了 GNSS 捕捉水汽的优越性。过去的大部分 GNSS 水汽探测方法研究都是基于事后或近实时的。然而,半个小时以上的延迟对短临极端天气突变预报来说是不够及时的,实时精密的 PWV 估计对研究强对流天气短临预警显得尤为重要。最初精密定位的模式主要采用差分模式,而对流层通常情况下在小区域内和短时间内的变化较小(1 小时内变化 5 mm 较为常见)。这种情况将导致基线较短的情况下两测站的 ZTD 高度相关[52],从而难以分离。如果基线网中存在超过 500 km 的基线,加上高精度的轨道数据,则能够获得高精度对流层信息。近年来,随着 GNSS 精密单点定位技术(precise point positioning,PPP)的发展,利用 GNSS-PPP 技术获取高精度、高时间分辨率的 ZTD/PWV 成为现实[53-55]。精密单点定位优势在于模型简单,处理大规模测站速度快,更加适合实时或近实时水汽反演,是当前地基 GNSS 水汽反演研究的热点,其缺点在于该方法受卫星轨道和钟差产品精度的影响较大,若干误差项无法得到很好的消除[56-60],在部分应用场景上受到制约。

为了满足实时 GNSS 精密定位技术的需求,IGS 实时工作小组在 2013 年开始正式提供实时多 GNSS 卫星系统轨道和时钟数据流产品服务[61]。此后,国内外不少研究学者对不同卫星系统实时钟差和轨道产品反演 ZTD/PWV 精度进行了评估。王敏等[62]发现利用 CNES 的实时轨道钟差产品对反演 PWV 具有毫米级影响。Yuan 等对 BNC 软件的实时 PPP 模块进行二次开发,并用全球 20 个站点作为测试站,基于实时 PPP 解算的 ZTD 均方根误差优于 13 mm，反演的 PPP-PWV 与探空气球比较精度优于 3 mm[53]。Lu 等[63-65]利用全球 80 个 IGS 站点 GLONASS 和 GPS 的近半年数据，对实时 ZTD/PWV 反演进行了评估，结果表明 GPS-ZTD 序列和 GLONASS-ZTD 序列基本一致，均方根误差约为 8 mm，PWV 约为 1.2 mm，同时提出了 GPS 和 BDS 组合的实时 ZTD/PWV 反演方法，对全球 40 个站点进行实验，结果显示 BDS 在实时气象应用中具有一定作用，但其精度略低于 GPS，将 BDS 与 GPS 组合可以得到更可靠的水汽估值，PWV 精度可达 1.3～1.8 mm。Li 等[66]基于 PPP 技术对单系统及多系统组合反演 ZTD/PWV 性能进行了评估，统计结果表明基于多 GNSS 的实时 ZTD 估计精度可达毫米级，PWV 精度约为 1～1.5 mm，可靠性较高，将 GNSS-ZTD 和 GNSS-PWV 引入数值天气预报模型中，能够有效地改进预报精度。Shoji 等[67]提出了一种基于 ZTD 时变的质量控制方法，该方法用于在海船上的 GNSS 接收机水汽反演，将反演的 PWV 与 77 次探空仪观测结果进行了比较，结果显示大气延迟与 GNSS 天线高度之间存在一定的相关性。Li 等[68]利用中国香港 17 个 GNSS 站和中国地壳运动观测网络 15 个 GNSS 站的观测资料，采用实时 PPP 反演 PWV，结果表明，实时 BDS-PWV 与 GPS-PWV 具有较好的一致性，PWV 的均方根误差分别为 2.0～3.5 mm 和 2.5～4.0 mm。Lu 等[69]基于实时 Galileo PPP 技术，研究了模糊度固定对水汽解算精度的影响，并将 Galileo-ZTD 和 Galileo-PWV 分别与 GPS-ZTD 和 ECWMF-PWV 进行了对比，结果表明 Galileo-ZTD 和 GPS-ZTD、Galileo-PWV 和 ECMWF PWV 在变化趋势上保持一致。Sun 等[70]研究了多种大气延迟场景下的高精度实时单频 PPP 方法，有效减少了收敛时间。

在 GNSS 主流数据处理软件上，主要有麻省理工学院和斯克里普斯海洋研究所联合开发的 GAMIT 软件、瑞士伯尔尼大学天文研究所研制的 Bernese 软件、美国喷气推进实验室（JPL）研制的 GIPSY 软件、德国联邦测绘局（BKG）研制的 BNC 软件以及中国武汉大学开发的 PANDA 软件等[71-74]。其中 Bernese 可处理非差和双差数据，GAMIT 采用差分模式，PANDA 和 GIPSY 采用非差处理模式，BNC 采用实时 PPP 模式。国内外也有不少学者研究上述软件解算的 ZTD/PWV 精度。

二、GNSS 对流层大气改正模型研究

天顶对流层总延迟主要由天顶静力学延迟（zenith hydrostatic delay，ZHD）和天顶湿延迟（zenith wet delay，ZWD）两部分构成，若要获得高精度 PWV，需要计算精确的 ZHD，从而得到 ZWD，其次还需要水汽转换系数 Π 将 ZWD 转换为 PWV。ZHD 可利用地面气象数据和 ZHD 经验模型计算。转换系数 Π 由大气加权平均温度 T_m 参数决定。因此，针对 GNSS 水汽反演的关键参数建模也是目前的研究热点。另外，对流层延迟改正是高精度 GNSS 定位技术的必要环节，在 GNSS 数据处理中，应用高精度的先验 ZTD 模型能够有效提高解算精度。国内外不少学者开展了大量的对流层改正模型研究。

针对大气参数的改正模型，Collins 等[75-77]以 Saastamoinen 模型为基础建立了 UNB 系列模型，该模型将全球平均海平面处气象参数设为固定值，认为气象参数仅随高度变化。考虑到空间和时间上的变化，提出了 UNB3 模型，按照 1966 年美国标准大气参数给出全球相邻 15°纬度带上的 5 个模型气象参数值，利用该模型解算的天顶延迟误差一般为 5 cm。该模型的简化形式 EGNOS 模型广泛应用于北美、日本、欧洲等多国的广域增强系统。但由于该模型在计算相对湿度时存在缺陷,Leandro 等[78]基于 UNB3 模型进行了改进,建立 UNB3m 模型,其平均偏差减小 75%。由于早期气象观测站较少,分布区域较为分散,原始对流层气象参数模型空间分辨率不高。随着数值天气模式(numerical weather model, NWM)的出现,这一问题得到了改善。NWM 可同化不同来源的气象观测资料,用户可以采用数值计算方式得到任一时刻的三维气象信息场。基于该数据基础,近年来不少国内外学者研究出许多全球/区域气象参数经验模型。Krueger 等[79]在 2004 年利用美国国家环境预报中心(National Centers for Environmental Prediction,NCEP)提供的大气产品建立了 TropGrid 模型,较 EGNOS 在全球区域的精度提高了 25%。2014 年 Schüler[80]在 TropGrid 模型基础上考虑了季节和日变化,建立了 TropGrid2 模型,能提供气温、气压、大气加权平均温度及天顶对流层湿延迟等对流层关键参数。2007 年 Boehm 等[81]根据欧洲中期天气预报中心(European Centre for Medium-Range Weather Forecasts,ECMWF)提供的 1999—2002 年 ERA-40 全球气温、气压资料,基于 9 阶 9 次球谐函数建立了 GPT 经验模型,并在 Bernese 和 GAMIT/GLOBK 等高精度 GNSS 数据处理软件中得到广泛应用。但由于 GPT 模型时间分辨率和水平分辨率(20°×20°)较低,因此在 2013 年,Lagler 等[82]在 GPT 基础上,采用 ECMWF 提供的 2001—2010 年 ERA-interim 资料,建立的 GPT2 模型可提供空间分辨率为 5°×5° 的气压、气温、气温衰减率、水汽压等气象参数。2015 年 Johannes 等[83]对其进行改进,建立了 GPT2w 模型,其参数文件空间分辨率有 1°×1° 和 5°×5° 两种,除 GPT2 提供的参数外,也提供湿度衰减率和大气加权平均温度参数。随后,Daniel Landskron 等在 2018 年以 VMF3 模型的基础数据构建了 GPT3 模型[84],该模型增加了对流体静力在不同方向的梯度估计,是一个更加全面的大气经验模型。随着再分析资料的时间分辨率的提高,许多学者开始利用 ERA5 资料建立大气经验模型,提供较高精度的大气产品[85,86]。

我国同样有不少学者建立了多种系列对流层参数经验模型,如 SHAO 模型[87,88]、ITG 模型[89]、IGGtrop 模型[90]、GZTD[91,92]和 NN-ZTD[93,94]模型等。此外,还有学者[95]利用 2005—2011 年的全球大地测量观测系统(global geodetic observing system,GGOS)提供的 2.5°×2° 的 ZWD 格网数据和 ECWMF 提供的 2.5°×2° 的 PWV 格网数据计算其转换系数,建立了关于水汽转换系数的全球经验模型,并与全球区域范围内的探空数据对比,结果具有较高的精度与稳定性。不少学者还研究了大气改正模型在不同地区的适用性,孟昊霆、刘晓阳和朱明晨等[96-99]对上述大气改正模型在不同地区的适用性进行了精度评估,分析了利用这些模型验证水汽估计的不确定度。杨慧君等[100]利用神经网络模型对 GPT2w 模型进行了改进,得到了更好精度的结果。Sun 等[101]利用 ECMWF 月平均再分析数据构建了一个新的全球网格 T_m 经验模型,在考虑 T_m 的垂直非线性变化和 T_m 模型系数的时间变化后,T_m 精度得到了显著提高。Li 等[102]利用神经网络技术建立了一种新的 ZHD 经验模型,结果表明使用新模型计算的 ZHD 比 GPT3 模型精度高约 21%。

针对 T_m 回归模型构建,最早 Bevis 等[12]利用美国 13 个探空站的 8 718 次探空数据建立了北美地区的 T_m 回归模型,T_m 均方根误差达到了 4.74 K。随后不少学者对其进行了改进,例如:Ross 等[103]利用 53 个全球分布台站 23 年的探空资料为基础,分析了 T_m 地理位置和季节条件的变化特征,各站点计算的 T_m 相对误差均小于 2%。李建国等[24]根据我国东部地区 1992 年气象站的探空数据,利用 MM4 气象模式输出的各格网点处水汽压和温度参数计算 T_m,并进行了回归分析,求得全年回归方程中 T_m 标准差为 1.06 K,但由于水汽集中区域高度较低,MM4 分布较密集、层次较多,计算复杂度增大,该方法在实际使用上颇为不便。狄利娟等[104]使用两种不同 T_m 处理方法分别建立了单因子、多因子回归模型,对徐州探空站 2011—2013 年探空数据资料进行日均值处理,建立的区域模型改进效果不太明显。王建敏等[105]根据最小二乘原理确定出适用于东北地区的加权平均温度模型,模型输出值与真值之间的偏差均小于 4.5 K。李黎等[106,107]利用湖南地区 2012—2013 年 3 个探空站的观测资料建立了湖南区域的多因子 T_m 回归模型,分别根据不同季节建立的 T_m 模型的精度较年模型改善了 37%。孙天红、邹玉学、李宏达和谢劲峰等[108-111]分别建立我国银川、吉林、贵州和广西本地化 T_m 模型,进一步改善了 T_m 精度。姚宜斌等[112]从数学内积和柯西中值定理的角度严密地证明了 T_s 和 T_m 之间的非线性关系,但前提是假设温度与高度呈线性关系,且探空站分布不均匀使得建立的方程不能完全反映全国变化,在部分地区拟合结果也不理想。Wang 等[113]采用 ERA-Interim 温湿度廓线资料、Bevis T_m-T_s 模型和 GPT2w 模型三种方法计算了 2000—2012 年 368 个 GNSS 站点的 T_m 值,三种模型的精度逐次降低,在条件允许的情况下使用第一种方法。Wang 等[114]利用 2008—2015 年 12 个南极和 58 个北极的探空数据,分别建立了南极和北极的线性回归 T_m 模型和二次函数 T_m 模型,并分析了 T_m 的时空变化,结果表明 T_m 具有明显的季节性和年周期性,暖季和寒季的 T_m 相差最大,可达 63 K。

三、GNSS 水汽产品在极端天气中的应用研究

极端天气的形成与演变过程非常复杂,强降雨、风暴潮和台风等强对流天气发展过程与水汽时空变化具有密切的关系。相比于探空气球等传统技术手段,GNSS 技术可以全天候、实时地对大气中的水汽含量进行连续观测,从而为短期极端天气预警提供了可能性[115]。目前 GNSS 对流层产品(包括 ZTD 和 PWV)用于极端天气的研究主要通过将天顶延迟或水汽信息同化入数值模式中,增加观测值改善预报精度,另外还有通过分析降雨、洪涝和风暴潮等恶劣天气来临前后的 GNSS 水汽时空变化,寻找指示极端天气的水汽信号机制。

起初于 1993 年,Kuo 等[116]通过同化微波辐射计水汽观测值来改善降雨预报精度。随后 Smith 等[117]将 GPS 水汽加入数值天气模型中,提高了相对湿度的估计精度,使得降雨预报更加精确。之后,Gutman[118]、Cucurull[119]、Vedel[120]和 Faccani[121]等分别利用 GPS-PWV 或 ZTD 数据验证了同化模型对降雨短期预报的可行性。然而,通过同化数值模型的方式较为复杂,有不少学者开始研究直接通过 PWV/ZTD 对暴雨、雷暴等极端天气进行预报。在 2006 年,Iwabuchi 等[122]针对日本 GeoNet(GPS Earth Observation NETwork)开发实时 ZTD 处理系统时,通过东京市的历史气象资料发现发生暴雨前,ZTD 会迅速增加,在保持几十分钟的增长趋势后发生暴雨事件,可为近实时天气预报提供有用的信息。2008年,Luo 等[123]建立了一种扩展的中性球模型来改善水汽场的时空分辨率,并利用德国西南部 GNSS 观测资料验证了该模型的有效性。2010 年 Puviarasan 等[124]利用 GPS 探测印度

地区近实时 PWV 信息,利用 GAMIT 软件解算逐小时的 GPS-PWV 序列并与每小时雨量数据进行对比,结果表明 PWV 在降雨前后会呈现一种显著回降趋势。2011 年 Iwabuchi 等[125]利用 2010 年 5 月 1 日至 2011 年 8 月 31 日的日本斜路径延迟资料研究降雨关系,发现计算的斜路径延迟能够很好地反映局部地区降雨征兆。Sachan 等[126]提出利用神经网络方法,将班加罗尔地区的 GPS-PWV、最低和最高温度、气压、相对湿度、蒸发量、风速作为输入,对降雨量进行预报,其准确率达到了 78%。Shi 等[127]对 IGS CLK90 实时轨道和钟差产品反演的水汽数据进行了评估,并通过案例验证了实时 PPP-PWV 在降雨预报方面的可行性。Wang 等[128]基于 GPS-PWV 变化与实际降水关系分析了水汽变化的潜在物理机制,研究了水汽输送与 GPS-PWV 之间的关系,分析了 PWV 增长前大气的非稳定状态。Cao 等[129]利用地面全球定位系统技术估算鄱阳湖地区的大气可降水量,分析了降雨过程中大气可降水量的变化特征,结果表明 PWV 可用于改进降水的近实时预报/短期预报。Hou 等[130]利用 2013 年加州 PBO 网 GPS 站点观测数据和气象资料,通过 GPS 和 GPS-MR 技术反演表明 PWV 和降雨量有较强的相关性,雪深与实测雪深的相关系数为 0.97,进一步拓展了 GPS 在天气监测预报中的应用。国内也有不少学者对 GNSS 水汽在极端天气中的应用开展了相关研究,李黎等[131]以 PPP 实时获取的 ZTD 及其增量变化为依据对暴雨事件进行短临预报,结果表明在热带气旋引发的狂风作用下,ZTD 的变化更加活跃,其变化复杂使得规律性较弱,在暴雨天气中具有一定的指示意义。葛玉辉等[132]将小波神经网络方法运用到可降水汽量预测中,通过高精度 GNSS 数据处理软件解算出近实时 ZTD,计算了不同时间分辨率的 PWV 预报产品,对短临天气预报具有重要参考价值。Zhao 等[133]提出一种新的降雨预报方法,利用浙江省 CORS 网反演的 PWV 对多个降雨事件进行了预报分析,结果表明 PWV 的变化要早于实际降雨事件 10—30 min,新的降雨预报方法的虚报率为 18%。同年利用自主开发的 PPP 软件实时反演 ZTD,提出了一种基于 ZTD 的降雨预报方法[134],该方法对辅助降雨预报,特别是对降雨短期预警具有一定的参考价值。Li 等[135-138]提出了一种基于异常百分位阈值的强降雨事件预报模型,该模型使用 GNSS-PWV 或 GNSS-ZTD 作为模型输入,能够准确检测强降雨事件的发生,提前预报时间约为 4 h。

除了在强降雨天气中的应用研究外,许多学者还研究了 GNSS 水汽产品在干旱、热带气旋、大气河流和对流风暴等极端天气中的应用[139]。Ferreira 等[140]根据垂直地壳位移、PWV 与降水量的关系,利用 GNSS 观测站上空 PWV 和垂直地壳位移的组合来探索干旱演化。这些研究表明,GNSS-PWV 产品可以为干旱监测和确定水分缺损系数以及当前的水文观测网提供有用的信息。Liu 等[141-143]分析了热带气旋登陆期间的水汽特征,结果表明水汽的时空分布特征对台风的降雨评估与预报具有重要意义。Chen 等[144]基于层析技术重建了 2019 年 2 月南加州 15 min 分辨率的水汽密度场,分析了当地大气河流运动状态,以及大气河流对强降雨等级和降雨生命周期的影响。Guo 等[145]提出了一种基于 ZTD 的雾霾预报方法,利用 ZTD、相对湿度、平均风速和 NO_2 等多因素构建多元回归模型,用于预报 PM2.5 质量浓度的变化,并通过实验验证该方法对于短期雾霾的预测是有效可行的。

四、存在的主要问题

当前各国正在热衷于建立本国的导航卫星系统,导航卫星数目近百颗,卫星信号频段从单频、双频发展到现在的多频,各分析中心提供的轨道钟差也由事后产品发展到目前的实时数据流产品,产品精度越来越高,使得 GNSS 高精度探测大气水汽空间信息能力和精度获得较大提升,同时也带来了一系列问题亟待解决。目前地基 GNSS 对流层水汽反演、改正模型研究和短时极端天气预报方面的研究还存在以下方面问题:

(1)当前地基 GNSS 反演水汽模型研究已基本成熟,随着当前卫星系统数量增加,多系统组合能够有效增加全球各个地区的可见卫星数量,保证导航系统的可用性,多卫星系统组合反演水汽能够有效地避免单系统带来的粗差,提高实时 PPP 收敛速度,增加水汽反演的实时响应,实时 GNSS 对流层建模可靠性在未来将显著提升。目前对于 GNSS 反演水汽监测系统平台的研究较少,设计实时/事后高精度 GNSS 水汽监测系统并用于实例研究还需进一步加强。

(2)GNSS 运行站点与气象站点分布不均匀,空间分辨率低。目前大量 GNSS 站点未配备气象设备,而一般的气象站与 GNSS 站点较远,暴雨、飓风等极端天气发生前后大气温度和气压经常随时间呈现一种复杂的升降趋势。传统区域气象参数建模方法诸如多线性内插模型、反距离内插模型、线性内插模型、最小二乘配置模型、线性组合模型等未考虑时间和空间之间的相关性,而全球或区域气象经验模型精度难以满足高精度要求,因此当前需要建立一种兼顾时空变化趋势的对流层大气插值模型以改进 GNSS 水汽反演技术中的关键参数。

(3)虽然目前有许多精度较高的对流层大气经验模型,但由于这些模型基于不同的数据源,难以客观评价这些模型在不同地区的精度。此外,对于 T_m 模型构建,大多数基于线性回归模型,对于 T_m 的非线性残差部分难以模型化表示,因此,T_m 模型的精度有待进一步提高。

(4)国内外关于利用 GNSS 水汽产品进行极端天气预报已进行了一些初步研究,结果表明了 GNSS 在极端天气条件下反演水汽的能力及优越性。然而,相关的 GNSS 水汽产品在极端天气中的应用均属于定性式分析,研究中利用 GNSS 水汽产品对极端天气进行定量监测的模型很少。虽然 GNSS 能够提供高时间分辨率水汽信息,但综合运用高时间分辨率 GNSS 水汽产品监测极端天气事件还有待进一步扩展。

第三节　本书主要研究内容

一、本书的组织结构

本书组织结构见图 1-1。

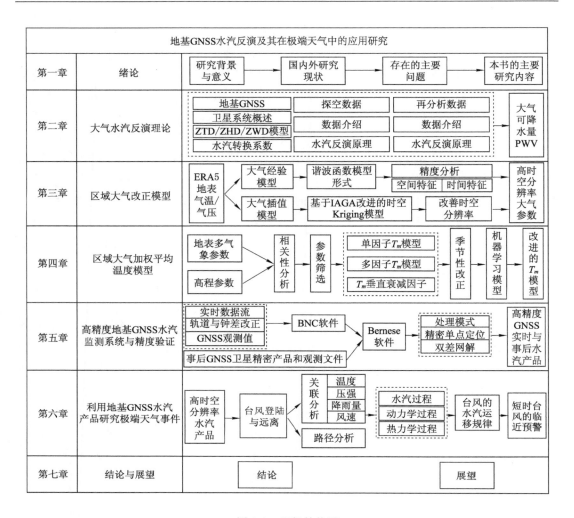

图 1-1　组织结构图

二、主要研究内容

　　针对提出的当前存在的主要问题,本书以高精度、高时空分辨率的 GNSS 水汽产品及其在极端天气中的应用为研究目标,重点研究 GNSS 水汽反演技术中的大气改正模型的建立、大气加权平均温度的优化、高精度 GNSS 水汽处理平台的搭建和台风天气的短临预报。主要研究内容如下:

　　(1) 为提高区域大气压强和温度经验模型精度,以中国区域为例,选择了通过 5 种谐波函数形式建立的经验模型,分析了这几种模型在中国区域的适用性和精度分布。

　　(2) 为满足高时空分辨率 GNSS-PWV 水汽产品对气象数据的时空分辨率要求,建立了一种基于 IAGA 改进的时空克里金(Kriging)模型(IAGA-Kriging)来改进气象数据的时空分辨率。该模型针对时空 Kriging 模型中的参数寻优易陷入局部最优解问题,考虑了初始解的优化以及交叉因子和变异因子的固定易引起的算法早熟问题,用改良圈算法结合优化的自适应交叉因子和变异因子方案,提高时空 Kriging 模型的精度。

（3）讨论了几种基于地表气象参数建立的 T_m 回归模型精度和优化方法，提出了使用机器学习算法＋线性 T_m 回归模型的组合 T_m 模型，对 T_m 的非线性残差项进行拟合，减小线性回归 T_m 模型的偏差。

（4）设计了一套 BNC＋Bernese 组合的 GNSS 水汽监测系统，分析实时和事后模式下不同 GNSS 观测模式反演 PWV 的精度，为极端天气的应用研究提供高精度的水汽产品。

（5）为定量化研究极端天气的短临预报，以台风天气为例，分析了台风登陆前后的水汽分布结构和移动规律，为进一步研究台风的运动规律提供理论基础；利用台风临近和远离时刻的 PWV 特征点，建立了台风临近和远离时刻的几何运动模型，分别使用 ERA5-PWV 和 GNSS-PWV 对台风的运动状态进行估计。

第二章　大气水汽反演理论

当前主要的水汽探测手段主要有地基 GNSS、无线电探空仪、水汽辐射仪、卫星遥感和数值预报模型产品等。这些手段均存在优缺点,GNSS 具有低成本、高时间分辨率和全天候等特点,水汽精度虽尚可,但通常略低于无线电探空仪和水汽辐射仪结果;无线电探空仪虽精度较高,但时间分辨率偏低,一般探空站每隔 12 h 发射一次探空气球;水汽辐射仪虽然可获得高时间分辨率和高精度的水汽信息,但其造价昂贵,因此在站点分布上较少,空间分辨率较低,且极易受天气影响;卫星遥感能够获得较高空间分辨率水汽信息,但其水汽探测精度低,因此在实际应用中受限;数值预报模型利用同化技术提供了全球的水汽再分析格网产品,但其精度较好的数据产品来源于事后再分析,因此其实时性较差,且在不同地区的精度分布不均匀。

本章介绍当前主要的水汽反演方法,包括地基 GNSS 水汽反演、探空数据水汽反演和大气再分析资料水汽反演原理,为后续章节的研究提供理论支撑。

第一节　地基 GNSS 水汽反演

一、GNSS 卫星系统概述

GNSS 是现有卫星定位系统的总称,由美国的全球定位系统(GPS)、俄罗斯的格洛纳斯系统(GLONASS)、欧盟的伽利略系统(Galileo)、中国的北斗卫星系统(BDS)以及其他国家地区的卫星系统组成。该系统能够全天候为用户提供实时的定位、导航和授时服务,目前在交通、建筑、气象、航空航天和应急救援领域获得了广泛应用[146],现已成为人类现代化生活中不可缺少的一部分。

GPS 系统于 20 世纪 70 年代开始研制,经过三阶段的实施布设,直到 1994 年 3 月完成全面建设,全球覆盖率高达 98％的 24 颗 GPS 卫星全部布设完成。随后,为了改进 GPS 系统性能,美国开始启动 GPS 现代化计划,目前正在研制生产下一代 GPS 卫星——GPS Ⅲ。GPS Ⅲ 计划卫星数量为 36 颗,按任务可分为 A、B、C 三种类型:A 类卫星共 12 颗,其主要任务是为了提升定位服务精度,扩大信号范围,并实现将来与其他卫星系统的互操作;B 类卫星共 8 颗,其主要任务为提高星间链路载荷量,提升系统抗毁能力;C 类卫星共 16 颗,其主要任务为提升军用方面的能力和重点地区的服务可用性[147]。

GPS 系统主要由空间卫星星座、地面控制站和用户设备组成。当前的 GPS 星座是新旧星座的混合体,表 2-1 总结了当前 GPS 卫星星座类型概况,包括传统 GPS 卫星类型 (BLOCK IIA、BLOCK IIR)和现代化 GPS 卫星类型(BLOCK IIR-M、BLOCK IIF、GPS III 和 GPS IIIF)。地面控制站包括 1 个主控站(负责管理与协调地面控制设备运行)、6 个监测 站(负责数据自动收集及将数据传输至主控站)和 1 个注入站(负责卫星的导航信息注入)。 用户设备即卫星信号接收机,用于接收 GPS 卫星信号以及计算接收机的位置、速度和时间 参数。截至 2020 年 9 月 9 日,共有 30 颗正在运行的卫星(不包括退役的在轨备用卫星)。

表 2-1　GPS 卫星星座概况

卫星系统	GPS 卫星系统				
卫星类型	BLOCK IIA	BLOCK IIR	BLOCK IIR-M	BLOCK IIF	GPS III/IIIF
可用卫星数	0	9	7	12	2
L1	C/A P(Y)	C/A P(Y)	C/A P(Y)	C/A P(Y) L1M L1C	C/A P(Y) L1M L1C
L2	P(Y)	P(Y)	P(Y)	P(Y) L2C L2M	P(Y) L2C L2M
L5	—	—	—	L5C	L5C
设计寿命	7.5 年	7.5 年	7.5 年	12 年	15 年
发射时间	1990—1997 年	1997—2004 年	2005—2009 年	2010—2016 年	2018 年—至今

　　GLONASS 系统最初是苏联在 20 世纪 70 年代开发的一种实验性军事通信系统。冷战 结束后,苏联认识到 GLONASS 系统具有商业用途,可以传输气象、通信、导航和侦察等数 据。第一颗 GLONASS 卫星于 1982 年发射,该系统于 1993 年宣布全面运行。经过一段时 间 GLONASS 性能下降后,俄罗斯承诺将该系统提升到所需的最低 18 颗现役卫星。2007 年,普京颁布了俄罗斯联邦总统法令,开放 GLONASS 供公众无限制使用。此举旨在引起 公众和业界的兴趣,并挑战美国 GPS 系统的同质性。到 2010 年,GLONASS 完成了对俄罗 斯领土的全面覆盖。一年后,GLONASS 的轨道卫星星座已实现了全球范围内的覆盖。

　　与 GPS 系统类似,GLONASS 同样由卫星星座、地面支持系统和用户设备三部分组成。 GLONASS 卫星系列主要有第一代 GLONASS、第二代 GLONASS-M 和第三代 GLO-NASS-K,表 2-2 汇总了不同 GLONASS 系列卫星的主要特征[148]。

表 2-2　GLONASS 卫星星座概况

卫星系统	GLONASS 卫星系统		
卫星类型	 第一代 GLONASS	 第二代 GLONASS-M	 第三代 GLONASS-K
可用卫星数	0	23	1
支持频段	L1(1 602.0～1 615.5 MHz) L2(1 246.0～1 256.5 MHz)	L1(1 602.0～1 615.5 MHz) L2(1 246.0～1 256.5 MHz)	L1(1 602.0～1 615.5 MHz) L2(1 246.0～1 256.5 MHz) L3(1 202.025 MHz)
设计寿命	3 年	7 年	10 年
发射时间	1982 年	2005—2011 年	2011 年—至今

Galileo 是由欧盟 1999 年计划研制的全球导航卫星系统,可提供高精度、可靠的全球定位民用服务。为了加强 Galileo 与美国 GPS 系统和俄罗斯 GLONASS 系统的互操作性,Galileo 的信号频段 E5a 和 E5a 的中心频率分别与 GPS 信号频段 L1 和 L5 的中心频率一致,信号频段 E5b 的中心频率与 GLONASS 信号频段 G5 的中心频率一致。Galileo 提供的公开服务包括定位、导航和授时,公共服务的定位精度可达到 5～10 m,通过局域增强可达到 1 m,商用增强服务可达到 1 dm～1 m[149]。

2011 年首颗 Galileo 卫星成功发射,到 2020 年,Galileo 在轨卫星将达到 30 颗。全面部署的伽利略系统将由 24 颗运行卫星(FOC)和 6 个在轨备件(IOV)组成,位于地球上空 23 222 km高度的三个圆形中等高度地球轨道(MEO)平面上,轨道平面与赤道的倾角为 56°。各个轨道面包含 10 颗卫星,其中正常工作卫星 9 颗,备用卫星 1 颗。地面段部分由控制段、任务段、全球域网、导航管理中心以及地面支持与管理机构组成。表 2-3 汇总了 Galileo卫星的主要特征。

表 2-3　Galileo 卫星星座概况

卫星系统	Galileo 卫星系统	
卫星类型	 IOV	 FOC

表 2-3(续)

卫星系统	Galileo 卫星系统	
可用卫星数	4	22
支持频段	E5a/E5b(1 164~1 215 MHz) E6(1 260~1 300 MHz) E1(1 559~1 592 MHz)	E5a/E5b(1 164~1 215 MHz) E6(1 260~1 300 MHz) E1(1 559~1 592 MHz)
设计寿命	12 年以上	12 年以上
发射时间	2011—2012	2014—2018

  BDS 系统是我国基于国家安全和国民经济发展需求自主建设与研制的卫星导航系统，同时也是保障用户信息服务和推动社会科技进步的一项重要空间基础设施。为保证北斗卫星导航系统的建设平稳进行，BDS 系统以"三步走"策略发展，即先实验、后区域和再全球。2000 年年底，随着 BDS 一号系统建设完成，我国成为具有卫星导航系统自主产权的国家；2012 年年底，BDS 二号系统的建成可提供覆盖亚洲区域的 PNT 服务；2020 年，伴随着 BDS 三号系统的圆满收工，BDS 系统可为全球用户提供更加优质、广泛和智能的综合时空信息服务[150]。

  同样地，空间段、地面段和用户段三部分构成了 BDS 系统。北斗系统空间段由若干地球静止轨道卫星、倾斜地球同步轨道卫星和中圆地球轨道卫星三种轨道卫星组成混合导航星座。地面段包括主控站、时间同步/注入站和监测站等若干地面站。用户段包括北斗兼容其他卫星导航系统的芯片、模块、天线等基础产品，以及终端产品、应用系统与应用服务等。

  2020 年 6 月 23 日 9 时，随着长征三号运载火箭在西昌卫星中心成功发射，北斗三号的最后一颗卫星顺利升空，标志着北斗卫星系统的全面组网完成，BDS 系统的星座部署计划时间较预期提前了半年。目前北斗卫星系统主要由北斗二代和三代组成，截至 2020 年 9 月 24 日，北斗在轨卫星总数为 44 颗(不包括在轨测试卫星)。表 2-4 汇总了 BDS 系统的卫星星座特征。

表 2-4　BDS 卫星星座概况

卫星系统	BDS 卫星系统		
卫星类型	BDS-1	BDS-2	BDS-3
可用卫星数	0	15	29

表 2-4(续)

卫星系统	BDS 卫星系统		
公开频段 中心频率	—	B1I(1 561.098 MHz) B2I(1 207.140 MHz) B3I(1 268.520 MHz)	B1I(1 561.098 MHz) B2I(1 207.140 MHz) B3I(1 268.520 MHz)
服务范围	中国区域	南纬 55°—北纬 55° 东经 55°—东经 180°	全球
精度	三维定位精度约几十米 授时精度约 100 ns	定位优于 10 m 测速优于 0.2 m/s 授时精度优于 50 ns	信号精度优于 0.5 m 空间信号连续性、完好性及可用 性设计指标均为全球顶尖水平
发射时间	2000—2003 年	2010—2019 年	2017—2020 年

其他区域卫星系统还有法国的卫星多普勒定轨定位系统(DORIS)、印度的区域导航卫星系统(IRNSS)和日本的准天顶卫星系统(QZSS)等[151-153]。DORIS 是一种基于多普勒效应和无线电测距原理,通过互联的地面基准站和卫星上的各种设备来实现定轨、定位的卫星系统。IRNSS 是由国家航天机构的空间研究组织建立的一种自由区域型卫星导航系统,面向普通用户和限定用户(军用)分别提供标准位置服务和限制性服务。QZSS 是针对移动应用系统提供视频基础服务(影像、声音和资料)和定位信息,以三颗人造卫星通过时间转移完成全球定位系统区域性功能的卫星扩增系统。

二、大气折射与对流层延迟模型

在地基 GNSS 接收机通过接收的大气中导航卫星信号进行定位过程中,信号在传输路径上受到大气电离层和对流层的影响而出现时延。对于频率在 30 GHz 以下的导航卫星电磁波等信号而言,经过电离层时会出现色散现象,因此在 GNSS 高精度数据处理中需用无电离层组合等方法消除其影响。对流层中的大气成分主要以氮气、氧气和少量水汽等非电离的中性气体为主,GNSS 卫星信号不会在对流层中发生色散,由此信号在对流层中的延迟量可在 GNSS 高精度数据处理的过程中作为待定参数进行估计。

在不考虑电离层和多路径等大气传播误差条件下,GNSS 无线电信号在对流层中的传播路径可用下式表示[154]:

$$L = \int v \mathrm{d}t = \int \frac{c\mathrm{d}t}{n} = \int \frac{c\mathrm{d}t}{1+(n-1)} \approx \int c[1-(n-1)]\mathrm{d}t = S - 10^{-6}\int N\mathrm{d}s \quad (2\text{-}1)$$

式中　v——信号在对流层中某时刻的传播速度,m/s;

$\mathrm{d}t$——时间微分,s;

$\mathrm{d}s$——路径微分,m;

n——大气折射率;

c——光在真空中的传播速度,m/s;

N——大气折射系数;

S——伪距或载波相位观测值,m。

由上式可知,在 GNSS 测量中,为获得真正的距离 L,需对观测值 S 进行对流层延迟改正,此对流层延迟量 Δ_{trop} 可由下式表示:

$$\Delta_{\text{trop}} = 10^{-6} \int N \mathrm{d}s \tag{2-2}$$

由式(2-2)可知对流层延迟受大气折射率 N 影响,1974 年 Thayer 给出了 N 与大气参数(温度、气压和湿度)的表达式[155]:

$$N = K_1 \frac{P_{\text{d}}}{T} + K_2 \frac{e}{T} + K_3 \frac{e}{T^2} \tag{2-3}$$

式中 P_{d}——干空气分压,hPa;

   e——水汽分压,hPa;

   T——开尔文温度,K。

   K_1、K_2、K_3——常量系数。

不少学者给出了 K_1、K_2、K_3 的实验测定值,目前普遍认为 Thayer 或 Boudouris 测定的数值精度较高,Thayer 测得的一组大气折射常量值及其误差分别为 77.604 K/hPa($\pm$0.014 K/hPa)、64.790 K/hPa($\pm$0.008 K/hPa)和 3.776 K/hPa($\pm$0.004 K/hPa)。由于利用上述公式需要干气压 P_{d}、e 和 T 的垂直廓线,根据理想气体状态方程可得到以下折射率公式:

$$N = K_1 R_{\text{d}} \rho + (K_2 - K_1 \frac{R_{\text{d}}}{R_{\text{w}}}) \frac{e}{T} + K_3 \frac{e}{T^2} \tag{2-4}$$

式中 R_{d}、R_{w}——干、湿空气的气体常数;

   R_{w}——干空气的气体常数;

   ρ——大气密度。

令 $K'_2 = K_2 - K_1 \cdot R_{\text{d}}/R_{\text{w}}$,可得到如下简化的公式:

$$N = K_1 R_{\text{d}} \rho + (K'_2 + \frac{K_3}{T}) \frac{e}{T} \tag{2-5}$$

将式(2-5)代入式(2-2)中,对流层延迟按信号传输路径 s 方向进行积分,可得斜路径对流层总延迟(slant total delay,STD)。

$$\text{STD} = 10^{-6} \int K_1 R_{\text{d}} \rho \mathrm{d}s + 10^{-6} \int (K'_2 + \frac{K_3}{T}) \frac{e}{T} \mathrm{d}s \tag{2-6}$$

上式主要由两部分组成,第一部分为水汽的非极性成分对折射率的影响,该部分也称为斜路径静力学延迟或斜路径干延迟(slant hydrostatic delay,SHD);第二部分为水汽的极性成分对折射率的影响,该部分也称为斜路径湿延迟(slant wet delay,SWD)。由于在 GNSS 数据处理中,每条来自卫星的信号都将对应一个 STD 参数,使得观测方程矩阵秩亏而无法解算。因此,通常需要使用一个与卫星高度角有关的投影函数将斜延迟量投影至天顶方向,然后将 ZTD 作为一个待估参数进行估计[156],ZTD 由 ZHD 和 ZWD 组成。上述过程可由下式表示:

$$\text{STD} = f_{\text{h}}(\theta) \cdot \text{ZHD} + f_{\text{w}}(\theta) \cdot \text{ZWD} \tag{2-7}$$

$$\text{ZTD} = \text{ZHD} + \text{ZWD} \tag{2-8}$$

式中 $f_{\text{h}}(\theta)$——静力学延迟投影函数;

$f_w(\theta)$——湿延迟投影函数；

θ——卫星高度角。

目前许多学者建立了不同类型的映射函数模型，Marini 连分式映射函数是第一个与卫星高度角有关的映射函数[157]，可由下式表示：

$$f(\theta) = \frac{1 + \dfrac{a}{1 + \dfrac{b}{1+c}}}{\sin(\theta) + \dfrac{a}{\sin(\theta) + \dfrac{b}{\sin(\theta)+c}}} \tag{2-9}$$

式中 a、b、c——常数项。

a、b、c 可根据大气经验资料获得，但该模型在不同地区和季节表现的性能差异较大。由于 Marini 映射函数的精度较低，之后出现的许多映射函数都是对 Marini 映射函数进行的改进。目前广泛应用的映射函数模型包括 NMF 模型[158]、GMF 模型[159] 和 VMF 系列模型[84,160]。其中，NMF 映射函数是一种利用全球 20 多个探空站数据建立的模型，该模型兼顾了站点南北半球分布和季节性非对称性特征，仅需输入站点纬度、高度和年积日即可获得相应系数。但该模型在不同纬度地区的精度相差较大，尤其在南半球高纬度地区具有较大系统偏差。VMF 系列模型是基于实测参数建立的一种模型，目前最新的 VMF 系列模型为 VMF3 模型，是目前精度最高的映射函数模型，其精度略优于 VMF1 模型。其官网（https://vmf.geo.tuwien.ac.at/）发布了映射函数参数 a 和 b 产品，时间分辨率为 6 h；由于 VMF 系列模型需要联网获取，在时间上存在一定滞后性，Boehm 等[159] 基于 VMF1 模型建立了 GMF 经验模型，仅需输入站点位置信息和时间即可获得对应的模型系数，通过大量实验已验证 GMF 与 VMF1 模型结果基本相同。

三、天顶静力学延迟模型

ZHD 的变化通常比较稳定，通常占 ZTD 的 90%，一般可通过现场的实测气象设备、数值预报模型以及大气经验模型获得站点处气象参数，再根据 ZHD 经验模型对其进行估计。常用的 ZHD 模型有 Hopfield 模型、Saastamoinen 模型和 Black 模型[161-163]，其表达式分别如下所示：

（1）Black 模型

$$ZHD = \frac{2.343(T_s - 4.12)P_s}{T_s} \tag{2-10}$$

式中 P_s——站点气压，hPa；

T_s——站点温度，K。

上式表明，由 Black 模型计算的 ZHD（单位：mm）精度与站点气压和温度测量精度有关。

（2）Hopfield 模型

$$ZHD = \frac{15.52P_s[40.136 + 0.148\,72 \times (T_s - 273.16) - H_0]}{T_s} \tag{2-11}$$

式中 H_0——站点高度，km。

相对于 Black 模型,Hopfield 模型考虑了高程对 ZHD 的影响。利用 Hopfield 模型计算 ZHD 时,不仅其精度与站点温度和气压测量精度有关,同时 ZHD 随着高度的增加而呈现下降趋势。

(3) Saastamoinen 模型

$$ZHD = \frac{2.276\ 8P_s}{1 - 0.002\ 66\cos(2\varphi) - 0.000\ 28H_0} \tag{2-12}$$

式中 φ——站点地理纬度。

Saastamoinen 模型和 Hopfield 均考虑了高程和气压对 ZHD(单位:mm)的影响,不同之处在于 Saastamoinen 模型还考虑了地理纬度对 ZHD 的影响。其中,P_s 的测量精度对 ZHD 结果最为显著,在大气保持静力学平衡状态下,通常 0.5 hPa 的误差将引起约 1 mm 误差。由于 Saastamoinen 模型要求的实测参数少(仅需站点气压)且精度高,因此该模型在 GNSS 气象学领域应用最为广泛。

四、天顶湿延迟模型与水汽转换因子

作为 ZTD 的另一项组成成分,ZWD 在 ZTD 占比约为 10%。然而,ZWD 的变化较为活跃,该系数通常难以通过模型化求解,因此在实际解算过程中,ZWD 通常作为 GNSS 观测方程中的单独参数对其进行求解。利用水汽转换系数,即可将 ZWD 转换为 PWV,其过程可由下式表示[164]:

$$PWV = \Pi \cdot ZWD \tag{2-13}$$

式中 Π——水汽转换因子。

Π 的函数表达式如下:

$$\Pi = \frac{10^6}{\rho_w R_w (K'_2 + K_3/T_m)} \tag{2-14}$$

式中 ρ_w——液态水密度,10^3 kg/m^3;

  R_w——水汽的气体常数,461.495 J/(kg · K);

  K'_2——大气折射率常数,(17 ± 10) K/hPa;

  K_3——大气折射率常数,$(3.776\pm0.004)\times10^5$ K^2/hPa;

  T_m——大气加权平均温度,K。

T_m 的数值表达式如下:

$$T_m = \frac{\int_H^{+\infty} \frac{e}{T} dh}{\int_H^{+\infty} \frac{e}{T^2} dh} \approx \frac{\sum_{i=1}^n \frac{e_i}{T_i} \Delta h_i}{\sum_{i=1}^n \frac{e_i}{T_i^2} \Delta h_i} \tag{2-15}$$

由上式求解 T_m 需要大气的水汽压和温度廓线,不同高度的水汽压和温度变化较为复杂,难以通过显式的模型表达其变化,因此通常使用数值计算的方式计算 T_m。利用探空数据能够得到水汽压和温度廓线,但每个探空站通常一天仅发射两次探空气球,因此时间分辨率较低,难以满足高时间分辨率 GNSS 反演水汽要求。因此通常有两种方式解决该问题,一是通过区域/全球 T_m 经验模型获得,但该方法通常精度较低,难以满足高精度水汽反演要求;二是通过地表温度等气象参数建立高精度区域的 T_m 回归模型,根据实测地表气象

参数计算 T_m 的模型值,该部分内容将在第五章详细介绍。通过将计算的 T_m 代入式(2-14)可求得 Π,将 Π 代入式(2-13)即可求 PWV。

第二节　探空数据水汽反演

一、数据介绍

探空数据是一种由无线电探空仪观测得到的气象资料,包含不同高度上空的大气温度、压强、露点温度和比湿等大气参数。无线电探空仪是一个小型的消耗性仪器包(重250—500 g),通常各地区的探空站每 12 h 将发射一个用氢气或氦气充气的大气球至高空,将该仪器置于气球中。当无线电探空仪以每分钟 300 m 的速度上升时,无线电探空仪上的传感器时刻都在传输气压、温度、相对湿度和 GPS 定位数据。这些传感器同时连接了一个配有 300 mW 或更少电量电池的无线电信号发射机,该发射机能够发射从 1 676—1 682 MHz 或约 403 MHz 无线电信号,将传感器的测量数据发送到地面天线跟踪设备。高空的风速和风向资料可以通过 GPS 或无线电测向天线跟踪飞行中的无线电探空仪位置计算得到。利用无线电探空仪所获得的高空风观测技术称为无线电探空测风。地面天线设备将接收到的无线电信号解析为气象数据,并利用计算机对这些数据进行有效筛选,转换成特殊的代码形式,然后发送数据给用户。

在全球范围内,由于不同地区的大气环境、探空气球和探空仪质量差异性,不同地区探空站发射的探空气球探测时间各不相同。典型的 NWS 探空气球可以持续探测两小时以上。在此期间,无线电探空仪可上升到超过 35 km 的高度,并从释放点漂移 300 多公里,如果进入一股强烈的急流区域,它的速度可以超过 400 km/h。无线电探空仪悬挂在气球下方25—35 m,以最大限度地减少气球外壳散热效应对温度测量的影响。在飞行过程中,当无线电探空仪处于 −90 ℃ 的低温时,气压不足地球表面气压的 1%。

探空气球在地面开始释放时,气球的直径约为 1.5 m,随着气球的上升,气球的尺寸随着外部气压减小而逐渐扩大。当气球直径达到 6 m 到 8 m 时,气球将会破裂,并开始下降。为了避免探空仪下降引发的危险,可在探空气球上装配小型降落伞减缓无线电探空仪的下降速度。气球在到达最高空移动过程中的所有数据都将被记录,同时从地面至 400 hPa 气压高度(约 7 km)之间的数据采集是完成探空任务的必要要求。因此,如果气球在达到 400 hPa 气压水平之前破裂,或地面至 400 hPa 之间的气压或温度数据丢失超过 6 min 时,可认为该次任务失败,并释放第二个探空气球。

国内外均有相关的气象研究机构发布相应的探空数据资料,例如怀俄明大学大气科学系、美国国家海洋和大气管理局(NOAA)以及我国国家气象信息中心(CMA)气象数据网(http://data.cma.cn/)均提供了全球或区域的探空产品可供用户免费使用。其中怀俄明大学提供的探空产品(http://weather.uwyo.edu/upperair/sounding.html)包含了各高度层的大气参数:气压(单位:hPa)、位势高(单位:m)、温度(单位:℃)、露点温度(单位:℃)、霜点温度(单位:℃)、相对湿度(单位:%)、相对于冰的相对湿度(单位:%)、混合比(单位:g/

kg)、风向(单位:deg)、风速(单位:nmi/h)、位温(单位:K)、相当位温(单位:K)和虚位温(单位:K);NOAA 国家环境信息中心(NCEI)建立的全球无线电探空仪综合档案馆(IGRA)包含了在全球探区域 2 700 多个观测站获得的无线电探空仪和导航气球观测资料,目前 NCEI 在 2016 年发布了 IGRA 的第二代产品(IGRA v2),用户可通过 IGRA 后端服务器(ftp://ftp.ncdc.noaa.gov/pub/data/igra)在线访问并下载相应的探空产品,IGRA 探空数据包括探空气球的经过时间、大气温度、湿度、风向和风速等主要气象参数。IGRA 可提供按气压和高度等方式分层的探空数据产品,表 2-5 为 IGRA 探空产品提供的气象参数及其精度。CMA 气象数据网提供了不同模型处理后的探空产品,设置了用户下载权限,不同的用户权限可下载的数据集不同,主要用户分为个人实名、单位实名和教育科研实名,相应的下载权限依次上升,CMA 探空产品分为小时、旬、月和年,覆盖国内 80 多个探空站。

表 2-5　IGRA 探空产品提供的气象参数及其精度

气象参数	常用精度
探空气球经过时间	6 s 或 1 min
气压	0.01 hPa、0.10 hPa 或 1.00 hPa
位势高	1 m 或 5 m(气压层),低精度(非气压层)
温度	0.1 ℃、0.2 ℃ 或 1.0 ℃
露点温度	0.1 ℃、0.5 ℃ 或 1.0 ℃(受层数间隔影响)
相对湿度	0.1% 或 1.0%(受层数间隔影响)
风向	1°、5°、10° 或 22.5°
风速	0.1 m/s、1.0 m/s 或 2.0 m/s

二、探空数据反演水汽原理

利用高空各气压层的比湿和气压垂直方向的廓线资料,可以计算大气可降水量,虽然时间分辨率较低,但水汽探测结果较为精确,常用于验证 GNSS、卫星遥感和再分析资料等水汽探测结果。利用探空站的气压分层数据和如下表达式即可求解站点处 PWV 值[165]:

$$\text{PWV} = \frac{\int_0^{p_s} q \mathrm{d}p}{g} \approx \frac{\sum_{i=2}^{n}(p_i - p_{i-1})(q_i + q_{i-1})}{2g} \tag{2-16}$$

式中　q——定气压层的比湿,g/kg;

p_s——地面点气压,hPa;

$\mathrm{d}p$——气压微分,hPa;

g——当地重力加速度,m/s^2;

n——探空数据气压层数;

p_i——第 i 层表面气压,hPa;

p_{i-1}——第 $i-1$ 层表面气压,hPa;

q_i——第 i 层表面比湿,g/kg

q_{i-1}——第 $i-1$ 层表面比湿,g/kg。

q 可通过探空资料直接获得,也可以通过下式计算得到[165]:

$$q = \frac{0.622e}{P - 0.378e} \qquad (2\text{-}17)$$

式中 e——水汽压,hPa。

e 无法通过探空资料获得,该参数需要通过下式转换得到:

$$e = E \cdot rh \qquad (2\text{-}18)$$

式中 E——饱和水汽压,hPa;

rh——相对湿度。

rh 可通过探空资料直接获得,E 需要通过气压和气温求得,其表达式如下所示[166]:

$$E = 6.11 \times 10^{\left(\frac{7.5T}{237.3+T}\right)} \qquad (2\text{-}19)$$

通过上式即获得饱和水汽压,将结果代入式(2-18)得到水汽压后,根据式(2-17)计算比湿,即可使用式(2-16)计算 PWV。

第三节 大气再分析资料水汽反演

一、数据介绍

再分析是一种用于建立并记录天气和气候随时间变化的科学方法。该方法通过气象同化模型,将卫星遥感、气象雷达、地基/空基 GNSS、数值预报模型和微波辐射仪以及探空资料等多种气象资料作为背景场,使用一定的数学函数模型将上述资料进行融合,最后,得到的再分析产品在较大程度上与真实的大气状态保持一致。目前,再分析资料在长时间气候变化和特征分析、历史极端天气研究和大气能源应用领域已取得了广泛应用。

在过去的三十年以来,美国、欧盟和日本等国家相继推行了一系列再分析计划,例如,NCEP 和美国国家大气研究中心(National Center for Atmospheric Research,NCAR)的全球大气再分析 NCEP/NCAR 计划和 NCEP 的气候预报再分析产品(CFSR 和 CFSR v2);欧洲中期天气预报中心(European Centre for Medium-Range Weather Forecasts,ECMWF)的 ERA 系列再分析产品;日本气象厅的 Japan 再分析产品(The Second Japanese Globalatmospheric Reanalysis Project,JRA-55)等。本书将以 ECMWF 最新发布的 ERA5 系列数据集为例,简要介绍该数据集的特点和水汽反演方法。

ERA5 系列再分析产品是继 ERA-interim 的第五代 ECMWF 再分析数据集,目前主要由 ERA5、ERA5.1 和 ERA5-land 组成。

① ERA5 数据集是一个全面的再分析资料,该数据集起止时间为 1979 年 1 月 1 日 0 时,终止时间为用户当前时刻的最近几天,该数据集使用的大气模型是基于地表模型和波动模型的组合模型。

② ERA5.1 数据集是基于 ERA5 的再处理产品,该数据集起止时间为 2000—2006 年。该数据集的目的是改善该期间 ERA5 数据集在平流层低层中的冷偏差,在大部分对流层区

域中,ERA5.1 和 ERA5 两者之间的偏差非常小。

③ ERA5-land 数据集是基于地球表面的气象数据集,该数据集的起止时间为 1981 年至当前时间的前两个月。数据集主要是基于 ERA5 大气参数进行垂直递减系数改正而来的,未进行额外的数据同化,其产品最高水平分辨率(9 km×9 km)高于 ERA5 数据集。

ERA5 官网提供了不同类型和分辨率的大气再分析产品,主要有 ERA5 月平均单层/多层再分析数据、ERA5-land 小时/月平均再分析数据和 ERA5 小时单层/多层再分析数据。每种不同类型的 ERA5 产品都包含了陆地、海洋及其上空的大气要素,其中包括温度、气压、风速、降雨量和湿度等大气参数,具体的参数说明可详见官网提供的 ERA5 数据说明指南。

二、大气再分析数据水汽反演原理

利用 ERA5 气压分层数据,可根据探空站反演 PWV 相似的方式,即利用式(2-16)计算对应格网点处的 PWV 值。然而,当再分析数据用于确定某个高程位置的 PWV 时,还需计算高程信息。由于再分析资料仅提供了不同气压层的位势信息,需先计算位势高。下式为位势高和位势的转换公式:

$$H_g = \frac{\Phi}{g} \tag{2-20}$$

式中　Φ——位势,J;

H_g——位势高,位势米(gpm);

g——当地重力加速度,m/s^2。

然而,位势高系统与 GNSS 高程系统(WGS84)存在差异,当需要对两者反演的 PWV 进行对比或数据操作时,需要将两者的高程系统统一。本书以从 WGS84 高程系统转换为位势高为例介绍该转换过程,具体过程一般可分为两个步骤:首先,利用全球超高阶地球重力场(EGM2008)模型将 WGS84 大地高转换为水准面高度[167];然后,根据水准面高度和位势高转换公式,可将水准高转换为位势高[168]。第一步可通过 2008 年美国国家地理空间情报局 EGM 开发组公布的全球重力场模型实现;第二步可由 Mahoney 等 2001 年提出的转换模型实现,其具体表达式如下所示:

$$H_g = \frac{g_\varphi \cdot r_\varphi \cdot H_s}{g_0(r_\varphi + H_s)} \tag{2-21}$$

式中　H_s——水准面高度,m;

g_φ——纬度 φ 的正常重力加速度,m/s^2;

g_0——纬度 45°的正常重力加速度,m/s^2;

r_φ——纬度 φ 的有效地球半径,m。

g_0 值为 9.806 65 m/s^2,g_φ 和 r_φ 可通过下式计算得到:

$$g_\varphi = 9.780\ 325 \sqrt{\frac{[1 + 1.931\ 85 \times 10^{-3} \sin^2(\varphi)]}{1 - 6.694\ 35 \times 10^{-3} \sin^2(\varphi)}} \tag{2-22}$$

$$r_\varphi = \frac{6.637\ 813\ 7 \times 10^6}{1.006\ 803 - 0.006\ 706 \sin(\varphi)} \tag{2-23}$$

利用上述转换公式,即可实现大气再分析资料参数的位势和 GNSS 观测站大地高的转换。当使用再分析资料计算的 PWV 与 GNSS 反演的 PWV(GNSS-PWV)进行比较时,还需考虑站点和格网点的空间位置差异,详细的改正过程将在后续章节进行详细介绍。

第四节　本章小结

本章介绍了 GNSS 卫星导航系统的最新进展,阐述了当前几种重要的水汽反演方法,包括地基 GNSS 技术、无线电探空仪和大气再分析资料计算 PWV 理论,并讨论了上述几种水汽探测手段的优缺点,可为后续的研究提供重要的理论基础。GNSS 作为一项崭新的大气探测手段,在气象学领域具有广阔的应用前景。

第三章　区域大气改正模型

众所周知,在 GNSS 水汽反演过程中,地表温度和气压是求解 ZHD 和加权平均温度 T_m 的重要参数,其精度直接影响 PWV 解算结果。然而,大量 GNSS 站点存在未配备气象观测设备导致其附近缺乏气象观测数据以及历史数据缺失等问题,严重地限制了高时空分辨率 GNSS 水汽的获取。针对上述问题,常用的解决方案有两种:利用 ECWMF、NCEP 等再分析观测资料建立大气经验模型,通过站点空间位置和时间参数可求得对应时空点气象信息;利用周围时空位置上的已知气象信息构建时空模型,求解这些时空点内的任一时空位置的气象数据,例如双线性插值模型、反距离加权插值模型和克里金插值模型等。第一种方法称为拟合模型,第二种方法称为插值模型。两种方法的主要区别在于,拟合模型适合信息预报,即外推;而插值模型适合于样本参数所在时空范围内的参数估计,即内插。

本章主要针对上述两种方法建立区域的大气改正模型。首先介绍目前大地测量中最为常用的 GPT 系列大气经验模型和中国区域大气经验模型,并利用中国区域 2014—2018 年 ERA5 地表温度和气压数据建立五种不同形式的大气经验模型,然后采用 2019 年 ERA5 数据和探空数据验证上述几种模型在中国区域的精度分布;提出 IAGA-Kriging 模型,该方法解决区域气象数据的时空不连续性问题,并提高传统时空克里金参数解算效率,改善气象数据的时空分辨率。同时以中国香港地区台风期间为例,ERA5 提供的 1 小时气象数据作为 IAGA-Kriging 模型的输入值,其输出的高时间分辨率大气参数对比实测的 1 分钟气温和气压观测值,验证该方法相较于传统时空插值方法的优越性。

第一节　常用的大气经验模型

一、GPT 系列大气经验模型

GPT 系列模型是一种确定全球范围内大气压强和温度等气象参数的大气经验模型,主要包括 GPT 模型、GPT2 模型、GPT2w 和 GPT3 模型[81-84]。

GPT 模型是 GPT 系列模型的第一代产品模型,由 Boehm 等[81]在 2007 年利用 1999—2002 年间 ERA-40 再分析资料 15°×15°月平均温度和气压廓资料建立的 9 阶 9 次球谐函数计算得到。该模型的构建方法和使用的基础气象数据与 GMF 模型类似。首先,分别采用线性插值和指数插值将气压和温度廓线资料(23 气压分层)插值至平均海平面,再利用气压改正函数和温度递减系数即可得到地表温度和压强,其表达式分别如下所示:

$$P_s = P_{sea} \cdot [1 - 2.26 \times 10^{-2}(h_s - h_{sea})]^{5.225} \tag{3-1}$$

$$T_s = T_{sea} - 6.5(h_s - h_{sea}) \tag{3-2}$$

式中　h_s——地表高度，km；

　　　h_{sea}——平均海平面高度，km；

　　　P_s——地表气压，hPa；

　　　P_{sea}——平均海平面气压，hPa；

　　　T_s——地表温度，℃；

　　　T_{sea}——平均海平面温度，℃。

对于每个格网点的温度或气压参数 M，GPT 模型使用具有常数项 M_0 和振幅 m_1 的如下函数表示：

$$M = M_0 + m_1\cos\left[\frac{2\pi(\text{DOY} - 28)}{365.25}\right] \tag{3-3}$$

式中　M_0——格网点处对应温度或气压参数平均值；

　　　m_1——对应参数的年振幅；

　　　DOY——年积日，初始相位为 1 月 28 日。

M_0 可用勒让德多项式函数表示：

$$M_0 = \sum_{n=0}^{9}\sum_{m=0}^{n} P_{nm} \cdot \sin(\varphi)[A_{nm}\cos(m\lambda) + B_{nm}\sin(m\lambda)] \tag{3-4}$$

式中　P_{nm}——勒让德多项式；

　　　φ——大地纬度；

　　　λ——大地经度；

　　　A_{nm}、B_{nm}——第 nm 阶回归系数。

GPT 模型仅考虑了 M 的年周期变化，且相位为固定常数值，同时由于该模型是基于 9 阶 9 次球谐函数而得，因此 GPT 模型的时间分辨率和空间分辨率均较低，全球范围内精度不均匀。气压和温度残差在高纬度地区较大，在低纬度地区较小；在赤道附近结果与气象观测值基本一致，但在高纬度地区气压和温度偏差分别可达 20 hPa 和 20 ℃。

由于 GPT 模型在空间分辨率和时间分辨率方面存在一定的缺陷，2013 年 Lagler 等[82]对 GPT 模型进行了改进，并提出了 GPT2 模型。在构建模型时使用的基础数据方面，GPT2 模型采用 2001—2010 年间 ERA-interim 月平均气压、温度、比湿和位势廓线资料（37 气压分层），数据量远高于 GPT 模型；相较于 GPT 模型估计的气象参数量，GPT2 函数增加了对温度垂直衰减系数和水汽压等参数的估计；在水平分辨率方面，GPT 模型的 20°×20° 水平分辨率得到显著改善，GPT2 模型能够提供水平分辨率为 5°×5° 的结果；在模型表达式上，GPT2 模型考虑了参数的半年周期变化并对初始相位进行相应估计，其表达式如下所示：

$$M = M_0 + m_1\cos(\frac{\text{DOY}}{365}2\pi) + m_2\sin(\frac{\text{DOY}}{365}2\pi) + m_3\cos(\frac{\text{DOY}}{365}4\pi) + m_4\sin(\frac{\text{DOY}}{365}4\pi)$$

$$\tag{3-5}$$

式中　m_1、m_2——年周期变化参数；

m_3、m_4——半年周期变化参数。

GPT2 在对温度和气压进行高差改正时与 GPT 模型不同,对于温度的高程改正用式(3-7)计算的温度递减率获得,对于气压改正采用虚温指数表达式,即式(3-6)完成,如下所示:

$$P_s = P_0 \cdot \mathrm{e}^{\frac{-g_m \cdot \mathrm{d}M_r \cdot \mathrm{d}h}{R_g T_0 (1+0.6077Q)}} \tag{3-6}$$

$$T_s = T_0 + \mathrm{d}T \cdot \mathrm{d}h \tag{3-7}$$

式中　T_0——格网点温度,K;

P_0——格网点气压,hPa;

P_s——地表气压,hPa;

g_m——重力加速度,9.806 65 m/s^2;

$\mathrm{d}h$——地表与格网点高程差,km;

$\mathrm{d}T$——温度递减率,K/h;

$\mathrm{d}M_r$——干空气摩尔质量,28.965$\times 10^{-3}$ kg/mol;

R_g——理想气体常数,8.314 3 J/(K・mol);

Q——比湿。

GPT2 模型显著地减小了 GPT 模型与全球气压观测值之间的偏差,在全球范围内 RMS 中位数从 3 hPa 降低至 1 hPa,在格陵兰岛、亚洲南部和南极海岸等区域的精度改善尤为明显。随后,Böhm 等[83]在 2014 年对 GPT2 进一步改进,提出了基于水汽压、水汽衰减因子和 T_m 格网的 GPT2w 模型。该模型在 GPT2 模型基础上增加额外的水汽压垂直递减率和 T_m 参数,改善了 ZWD 的精度。该模型表示与 GPT2 模型是一致的,但 GPT2w 模型水平分辨率进一步提高到了 1°$\times$1°。

GPT3 模型是 GPT 系列模型最新产品,由 Landskron 等[84]在 2018 年以 VMF3 模型的基础数据构建而得。相较于 GPT2w 模型提供的参数,GPT3 模型新增了对流体静力在不同方向的梯度估计,是一个更加全面的大气经验模型。GPT3 模型共有两个版本,分别基于 1°$\times$1° 和 5°$\times$5° 全球格网大气参数,对于 1°$\times$1° 的 GPT3 版本,其精度高于 GPT2w,而对于 5°$\times$5° 的版本精度和 GPT2w 基本相当。

二、中国区域 CPTw 模型

CPTw 模型是 2020 年 Li 等[169]利用 2012—2017 年中国区域 ERA5 单层气压再分析数据建立的中国区域大气经验模型,能够提供高时间分辨率 1 小时和高水平分辨率 0.25°$\times$0.25° 的温度、气压和水汽压数据。

CPTw 模型利用 ERA5 资料,分别对气压、温度和水汽压的日变化进行建模。该模型采用高通滤波器增加日间信号的信噪比,利用除去的年信号和半年信号气象数据对残差进行快速傅立叶变换分析。基于功率谱中呈现的日和半日峰值特征信号,建立了如下方程表示温度和压强的日变化和半日变化:

$$r(t) = a_0 + a_1 \cos(\frac{\mathrm{HOD}}{24}2\pi) + a_2 \sin(\frac{\mathrm{HOD}}{24}2\pi) + a_3 \cos(\frac{\mathrm{HOD}}{24}4\pi) + a_4 \sin(\frac{\mathrm{HOD}}{24}4\pi)$$

$$\tag{3-8}$$

式中　$r(t)$——温度、压强或水汽压,K、hPa 或 hPa;

　　　　HOD——日积时;

　　　　a_0——温度、压强或水汽压的平均值,K、hPa 或 hPa;

　　　　a_1、a_2——日变化参数,

　　　　a_3、a_4——半日变化参数。

当估计水汽压时,式(3-8)的后两项可忽略。另外,对于高程方向的改正,CPTw 采用的模型和 GPT2w 是一致的。

通过最小二乘拟合即可求得 2012—2016 年间每日的日变化和半日变化参数,同时对参数 $a_i(i=1,2,3,4)$ 季节性变化进行建模,如下所示:

$$a_i = a_{i0} + a_{i1}\cos\left(\frac{\text{DOY}}{365.25}2\pi\right) + a_{i2}\sin\left[\frac{\text{DOY}}{365.25}2\pi\right] + a_{i3}\cos\left(\frac{\text{DOY}}{365.25}4\pi\right) + a_{i4}\sin\left[\frac{\text{DOY}}{365.25}4\pi\right]$$

$$(3\text{-}9)$$

式中　a_{i1}、a_{i2}——年变化参数;

　　　　a_{i3}、a_{i4}——半年变化参数。

第二节　基于 ERA5 的中国区域大气经验模型构建

虽然目前已建立了一些针对温度和气压等大气参数的季节性和日变化的经验模型,但许多模型没有使用相同的实验数据对比,例如原始数据的水平分辨率和时间分辨率对建模的影响,因此在结果的呈现过程中往往依赖于基础数据。由此,本实验综合对地表气压和温度的多种建模方法,并分析使用的基础数据对建模方法结果的影响,同时建立一套基于中国区域的分时温度和气压经验模型(CTSTP),并使用 ERA5 和无线电探空仪的结果对该模型进行精度验证。

一、实验数据与方法

主要使用的数据包括中国区域 ERA5 地表温度和气压再分析数据集、探空数据和数字高程模型(digital elevation model,DEM)数据。具体数据描述如下:

(1) 2014—2019 年中国区域 ERA5 地表温度和气压数据集,水平分辨率为 1°×1°,时间分辨率为 6 h。其中 2014—2018 年的数据用于构建 CTSTP 模型,2019 年的数据用于验证模型精度。

(2) 怀俄明大学提供的 2019 年中国区域探空站数据,时间分辨率为 12 h,用于验证 CTSTP 和其他经验模型解算的温度和压强精度。

(3) 高程数据来源于航天飞机雷达地形测绘使命(Shuttle Radar Topography Mission,SRTM)的 DEM 格网产品,空间分辨率为 30 角秒,高程基准为 EGM96 大地水准面,平面基准为 WGS84 系统,用于获取 ERR5 格网点地表处的高程值,并进行大气温度和压强高程改正。

对于大气经验函数模型形式,不同的经验模型考虑的参数不同,Yang 等[170]总结了主要的模型形式,可分为如下:① 仅考虑参数的年和半年周期变化,例如 GPT 系列和 UNB 系列等模型;② 考虑参数的年和半年周期变化以及日周期变化,例如 TropGrid 系列模型;③ 考虑参数的年和半年周期变化、日周期变化以及日周期变化的相位和振幅的季节性变化,例如 ITG 模型。基于上述情况的总结概括,温度和气压经验函数分别可用如下五种模型形式表示。

模型(1):该模型仅考虑参数的年变化和半年变化,与 GPT2 模型即式(3-5)是一致的:

$$M = M_0 + a_1 \cos\left[\frac{2\pi(\mathrm{DOY} - \varphi_1)}{365.25}\right] + a_2 \cos\left[\frac{4\pi(\mathrm{DOY} - \varphi_2)}{365.25}\right] \tag{3-10}$$

式中　a_1——年周期变化振幅;

　　　a_2——半年周期变化振幅;

　　　φ_1——年周期变化初相;

　　　φ_2——半年周期变化初相。

模型(2):相较于模型(1),该模型增加了日变化项。

$$M = M_0 + a_1 \cos\left[\frac{2\pi(\mathrm{DOY} - \varphi_1)}{365.25}\right] + a_2 \cos\left[\frac{4\pi(\mathrm{DOY} - \varphi_2)}{365.25}\right] + a_3 \cos\left[\frac{2\pi(\mathrm{DOY} - \varphi_3)}{24}\right]$$

$$\tag{3-11}$$

式中　a_3——日周期变化振幅;

　　　φ_3——日周期变化初相。

模型(3):在模型(2)的基础上,考虑参数 a_3 的季节性变化。

$$a_3 = a_{30} + A_1 \cos\left[\frac{2\pi(\mathrm{DOY} - B_1)}{365.25}\right] + A_2 \cos\left[\frac{4\pi(\mathrm{DOY} - B_2)}{365.25}\right] \tag{3-12}$$

式中　a_{30}——参数 a_3 的平均值;

　　　A_1——参数 a_3 的年周期振幅;

　　　A_2——参数 a_3 的半年周期振幅;

　　　B_1——参数 a_3 的年周期初相;

　　　B_2——参数 a_3 的半年周期初相。

模型(4):在模型(3)的基础上,考虑参数 φ_3 的季节性变化。

$$\varphi_3 = \varphi_{30} + C_1 \cos\left[\frac{2\pi(\mathrm{DOY} - D_1)}{365.25}\right] + C_2 \cos\left[\frac{4\pi(\mathrm{DOY} - D_2)}{365.25}\right] \tag{3-13}$$

式中　φ_{30}——参数 φ_3 的平均值;

　　　C_1——参数 a_3 的年周期振幅;

　　　C_2——参数 a_3 的半年周期振幅;

　　　D_1——参数 a_3 的年周期初相;

　　　D_2——参数 a_3 的半年周期初相。

模型(5):在模型(1)基础上,考虑建立不同历元的分时经验模型。

$$\begin{cases} M^1 = M_0^1 + a_1^1 \cos\left[\frac{2\pi(\mathrm{DOY} - \varphi_1^1)}{365.25}\right] + a_2^1 \cos\left[\frac{4\pi(\mathrm{DOY} - \varphi_2^1)}{365.25}\right] \\ M^2 = M_0^2 + a_1^2 \cos\left[\frac{2\pi(\mathrm{DOY} - \varphi_1^2)}{365.25}\right] + a_2^2 \cos\left[\frac{4\pi(\mathrm{DOY} - \varphi_2^2)}{365.25}\right] \\ \vdots \\ M^n = M_0^n + a_1^n \cos\left[\frac{2\pi(\mathrm{DOY} - \varphi_1^n)}{365.25}\right] + a_2^n \cos\left[\frac{4\pi(\mathrm{DOY} - \varphi_2^n)}{365.25}\right] \end{cases} \tag{3-14}$$

式中 M_0^n——表示 UTC 为 n 时刻的温度或气压参数 M^n 的平均值;

$\quad\quad a_1^n$——第 n 历元的年周期振幅;

$\quad\quad a_2^n$——第 n 历元的半年周期振幅;

$\quad\quad \varphi_1^n$——第 n 历元的年周期初相;

$\quad\quad \varphi_2^n$——第 n 历元的半年周期初相。

对于任意时刻温度或气压,首先利用该模型求得的指定相邻 UTC 时刻温度和气压,再通过拉格朗日插值求解任意时刻点的温度或气压。

二、模型形式对地表温度和气压的精度影响

实验选取了 2014—2018 年中国区域 ERA5 地表温度和气压再分析数据集,时间分辨率和水平分辨率分别为 6 h 和 1°×1°,用于构建上述 5 种模型。为了验证上述五种大气经验模型形式对求解气压和温度的影响,2019 年利用中国区域 ERA5 地表温度和气压再分析数据集用于检验上述 5 种模型精度,主要用平均偏差(BIAS)、绝对平均偏差(mean absolute error,MAE)、标准差(standard deviation,STD)和偏差的均方根(root mean square,RMS)表示,其表达式如下所示:

$$\begin{cases} \text{MAE} = \dfrac{\sum\limits_{i=1}^{n} |dVV_i|}{N} \\[4mm] \text{BIAS} = \dfrac{\sum\limits_{i=1}^{n} dVV_i}{N}, dVV_i = V_i - V_i^0 \\[4mm] \text{STD} = \sqrt{\dfrac{\sum\limits_{i=1}^{n} (dVV_i - \text{BIAS})^2}{N}} \\[4mm] \text{RMS} = \sqrt{\dfrac{\sum\limits_{i=1}^{n} dVV_i^2}{N}} \end{cases} \quad\quad (3\text{-}15)$$

式中 V_i——观测值;

$\quad\quad V_i^0$——实际值;

$\quad\quad dVV_i$——观测值与实际值的偏差;

$\quad\quad \text{BIAS}$——dVV_i 的平均值;

$\quad\quad N$——观测值数量。

表 3-1 和表 3-2 分别为五种模型的地表温度和气压统计结果。

表 3-1　利用 ERA5 数据建立的五种模型的地表温度统计结果

模型	(1)	(2)	(3)	(4)	(5)
MAE/K	6.08	3.86	3.70	3.73	3.28
区间	[0.92,13]	[0.75,6.93]	[0.75,6.64]	[0.75,6.64]	[0.70,6.51]

表 3-1(续)

模型	(1)	(2)	(3)	(4)	(5)
STD/K	7.43	4.85	4.64	4.70	4.10
区间	[1.13,14.59]	[0.91,8.47]	[0.90,8.11]	[0.90,8.11]	[0.85,7.86]
RMS/K	7.46	4.89	4.69	4.75	4.15
区间	[1.14,14.83]	[0.92,8.86]	[0.92,8.52]	[0.91,8.51]	[0.86,7.97]

表 3-2　利用 ERA5 数据建立的五种模型的地表气压统计结果

模型	(1)	(2)	(3)	(4)	(5)
MAE/hPa	3.11	3.08	3.08	3.08	3.04
区间	[0.86,6.86]	[0.80,6.86]	[0.80,6.86]	[0.80,6.86]	[0.79,6.86]
STD/hPa	3.95	3.92	3.91	3.91	3.87
区间	[1.07,8.66]	[1.01,8.66]	[1.01,8.66]	[1.01,8.66]	[0.99,8.66]
RMS/K	3.96	3.93	3.92	3.92	3.88
区间	[1.09,8.68]	[1.03,8.68]	[1.03,8.68]	[1.03,8.68]	[1.01,8.68]

由上述表格结果可知,考虑了日变化的模型(2)~(5)的精度明显优于仅考虑年变化和半年变化的模型(1),其中模型(5)结果最优;模型(2)~(5)的温度和气压 RMS 分别为 4.89 K、4.69 K、4.75 K、4.15 K 和 3.93 hPa、3.92 hPa、3.92 hPa、3.88 hPa,相较于模型(1)温度和气压 RMS,分别减小了 35%、37%、36%、44% 和 1%、1%、1%、2%;考虑了日变化的模型(2)~(5)对于温度的建模精度得到了明显改善,温度的 MAE、STD、RMS 均得到了显著减小。模型(3)和模型(4)结果相当,且均略微优于模型(2),表明了温度具有明显的日周期变化,且温度的日变化振幅受较小的季节性影响而相位变化的季节性变化不明显;对于气压,5 种模型得到的结果差异较小,模型(2)~(4)的结果基本相同,表明了气压的日周期变化不明显。

为了进一步分析 5 种模型在不同经纬度地区的精度和 RMS 空间分布,本实验利用上述的 2019 年 ERA5 数据计算了上述 5 种模型温度和气压在各经、纬的 RMS 平均值,图 3-1 为 5 种模型的温度和气压的 RMS 随经(东)、纬(北)度变化曲线。

由图 3-1 可知,采用分时模型(5)的温度和气压的 RMS 均小于另外 4 种模型,表明大气经验模型对于分时建模具有较好的可行性;在 RMS 空间分布中,模型(2)~(5)随着纬度增高,气压和温度 RMS 存在明显增大趋势,同时东部地区气压 RMS 高于中西部地区;对于模型(1),气压 RMS 随经、纬度变化与其余 4 种模型基本一致,但对于温度 RMS 的变化,模型(1)与其余 4 种模型差异较大,随着纬度升高,模型(1)的温度 RMS 增大,且在北纬 37° 附近 RMS 最大,之后开始减小,进一步表明了温度的日变化特性在不同区域呈现的特征不同。

为了进一步分析 5 种模型的地表温度和地表气压在不同地区呈现的时序变化特征,将中国区域分为四大地理区域,从各区域均选择具有代表性的格网点,分析利用上述 5 种模型获得的温度和气压在各区域的时变特征。

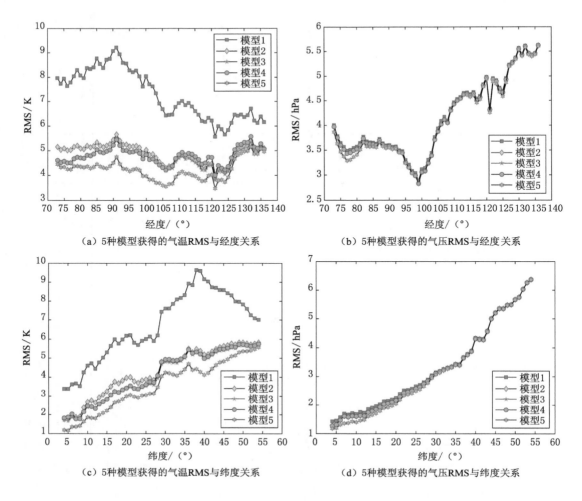

（a）5种模型获得的气温RMS与经度关系　　（b）5种模型获得的气压RMS与经度关系

（c）5种模型获得的气温RMS与纬度关系　　（d）5种模型获得的气压RMS与纬度关系

图 3-1　5 种模型的气温和气压 RMS 随经、纬度的变化曲线

　　从四大分区中任选四个格网点，其位置分别为西北地区（E90°，N45°）、青藏地区（E90°，N35°）、北方地区（E125°，N45°）和南方地区（E110°，N25°）。图 3-2 为在不同地理分区中，使用上述 5 种模型计算的地表温度、地表气压与 ERA5 数据集提供的逐小时地表温度和地表气压时间序列。

　　由图 3-2 可知，由于模型（1）仅考虑了地表温度和气压年变化和半年变化，因此在图中模型（1）仅呈现一条纤细的光滑曲线，其表示的区域范围值非常有限。尤其对于温度的变化，考虑了日周期变化的模型（2）~（5）能够更好地描述真实的温度变化。其中在青藏地区[图 3-2（c）]和西北地区[图 3-2（a）]，模型（2）~（5）可表示的温度范围几乎覆盖实际的区域温度变化范围。在不同地区的不同季节，模型（2）~（5）的结果存在一定的差异。对于气压的时序变化，模型（2）~（5）呈现的结果在青藏、北方和南方地区基本一致，而在西北区域存在一定的差异，其中冬、春两季更加明显，但其结果均优于模型（1）。

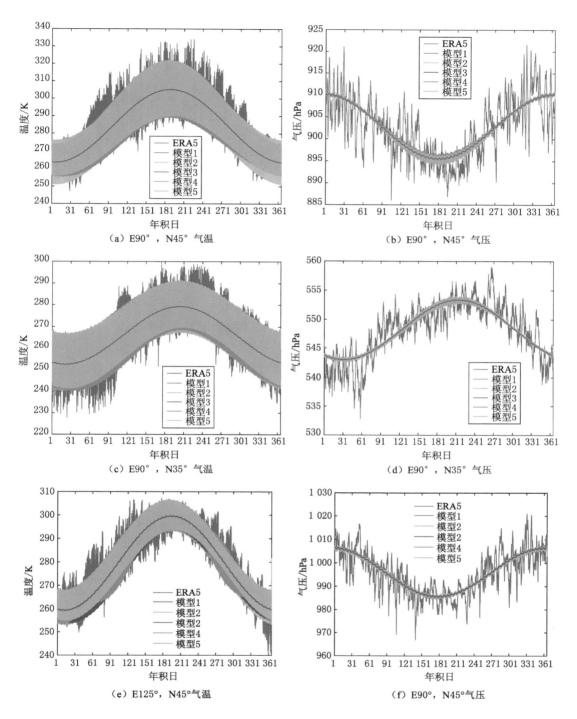

图 3-2　2019 年 5 种大气经验模型在不同地区的地表温度和

气压与 ERA5 地表温度和气压时间序列

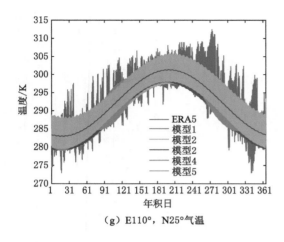

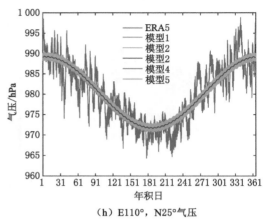

（g）E110°，N25°气温　　　　　　　　（h）E110°，N25°气压

图 3-2（续）

三、与探空站数据比较

由上节可知，模型（5）获得的地表温度和地表气压均优于另外 4 种模型。因此，为了进一步分析经验模型（5）与实测气象值之间的差异，实验选取了 2019 年中国区域 67 个探空站地表气压和气温作为真值，用于检验模型（5）计算的地表温度和地表气压精度。由于探空站和模型（5）输出的格网点之间存在水平和垂直方向位置差异，本实验首先利用探空站附近四个格网点进行高度改正，之后对结果进行水平方向内插后获得的温度或气压与探空站实测值对比。其中主要的步骤如下所示：

（1）确定探空站最近四个格网点，并利用 SRTM 的 DEM 格网数据反距离内插获得格网点的水准面高度；

（2）用模型（5）求解各格网点在指定时刻的温度和气压值；

（3）利用式（2-21）将探空站位势高转换为水准面高度，并将附近四个格网点温度和气压值改正至探空站所在高度，其中温度和气压高程改正模型如下：

$$
\begin{cases}
T_g = T - 0.006\,5(h_g - h) \\
P_g = P\left(\dfrac{T_g}{T}\right)^{\frac{gM}{-0.006\,5R}} \\
M = 0.028\,964\,4 \text{ kg/mol}, R = 8.314\,32 \text{ N} \cdot \text{m/(mol} \cdot \text{K)}
\end{cases}
\tag{3-16}
$$

式中　h——格网点的高度，m；

　　　T——格网点的温度，K；

　　　P——格网点的气压，hPa；

　　　h_g——探空站所在高度，m；

　　　T_g——改正后的格网点温度，K；

　　　P_g——改正后的格网点气压，hPa；

　　　M、R——常数项。

g 可用下式表示：

$$g = 9.806\ 3\{1 - \frac{h_g + h}{2 \times 10^7}[1 - 0.002\ 637\ 3\cos(\varphi) + 5.9 \times 10^{-6}\cos(2\varphi)]\} \quad (3\text{-}17)$$

式中　φ——格网点处纬度。

（4）对探空站点附近4个格网点高程改正后的温度和压强进行水平方向反距离加权内插，即可求得探空站点处的温度和压强。

基于模型（5）和上述步骤即可求得对应探空站点的地表温度和地表气压值，以探空数据作为参考值，即可计算模型值与实际值偏差，进一步分析对应探空站点的温度和气压MAE、STD和RMS空间分布。表 3-3 为模型的 MAE、STD 和 RMS 的统计量。

表 3-3　基于模型（5）获得的温度和气压与探空站观测值之差的统计结果（MAE、STD 和 RMS）

	MAE	STD	RMS
温度/K	3.72	4.32	4.69
气压/hPa	6.29	4.39	7.25

地表温度和地表气压的 MAE、STD 和 RMS 空间分布存在明显的区域特点，其中高纬度区域的温度 MAE、STD 和 RMS 明显高于低纬度地区，南方区域绝大多数站点处的温度MAE、STD 和 RMS 分别低于 3.0 K、3.5 K 和 3.6 K，而在西部地区、青藏和北方地区大多数站点的 MAE、STD 和 RMS 值分别高于 4.2 K、4 K 和 4.2 K，全年所有站点温度 MAE、STD 和 RMS 的平均值分别为 3.72 K、4.32 K 和 4.69 K；而对于气压的 MAE、STD 和RMS 的空间分布特征不明显，在所有站点全年 MAE、RMS 和 STD 的平均值分别为 6.29hPa、4.39 hPa 和 7.25 hPa。

第三节　常用的大气插值模型

虽然从大气经验模型能够获得一定精度的气压和温度值，但该模型由于缺乏实测数据的参考，预报精度往往受限，经常出现与实际结果相差较大的情况，例如在天气变化或极端天气的情况下，温度和气压的变化通常难以利用经验函数的形式体现。当 GNSS 站点存在历史气象观测文件缺失，或附近出现大面积无气象站点的情况下，通常可利用 ECWMF 和NCEP 再分析数据对 GNSS 站点缺失的气象观测值进行补充。然而，由于再分析数据的格网产品与 GNSS 站点存在位置差异，且 ECWMF 和 NCEP 气象再分析产品的时间分辨率有限（通常不高于 1 h），难以满足高时间分辨率 GNSS 水汽反演的时间要求。因此，构建合适的大气插值模型对于反演高时空水汽数据尤为关键。

一、空间插值模型

空间插值本质是一种将离散点观测数据转换为连续数据曲面的方法，常用于局部区域的数据补充。该方法基于基本理论假设：空间位置越接近的点集，其对应点的属性值越接近。空间插值模型可分为确定性插值模型和地质统计学插值模型两类。确定性插值模型根据空间信息点之间的相似程度或曲面的光滑度构建拟合曲面模型，主要有最邻近插值模型、移动平均插值模型和趋势面模型等[171-173]；地质学插值模型是基于空间采样点的统计特性，通过构建样本点的空间相关性模型对局部区域范围内的空间属性值精细预测[174]，例如Kriging 插值模型。

最邻近插值也称为泰森多边形插值，该方法仅采用距离待求空间点最近的单个采样点进行区域插值，是一种极端边界内插方法。该方法原理是根据采样点集空间域将空间区域分割为多个子区域，每个子区域仅包含一个数据点，每个区域内属性值被设置为该数据点属性值。

移动平均插值综合了最邻近插值法优点，同时对该方法进行了改进，对待求空间点使用最近的多个采样点进行区域插值。其计算式可由下式表示：

$$\begin{cases} Z = \sum_{i=1}^{n} \lambda_i Z_i \\ \sum_{i=1}^{n} \lambda_i = 1 \end{cases} \quad (3\text{-}18)$$

式中　Z——待求空间点属性值；

　　　Z_i——采样点属性值；

　　　n——用于进行插值的采样点数量；

　　　λ_i——采样点权重系数。

λ_i 可由下式表示：

$$\lambda_i = \frac{\varphi(d_i)}{\sum_{i=1}^{n} \varphi(d_i)} \quad (3\text{-}19)$$

式中　d_i——采样点与待求点之间的距离；

　　　$\varphi(d_i)$——距离加权函数。

$\varphi(d_i)$ 通常用负指数函数或倒数幂函数形式 e^{-d}、d^{-r} 和 e^{-d^2} 等表示。当 d_i 等于 0 时，$\varphi(d_i)$ 值等于 1，该插值法即为最邻近插值。当 $\lambda_1 = \lambda_2 \cdots = \lambda_i = \lambda_n$ 时，该插值即为线性插值或等权反距离插值，其表达式如下：

$$Z = \frac{\sum_{i=1}^{n} Z_i}{n} \quad (3\text{-}20)$$

趋势面模型是一种将凌乱的数据点集进行局部或全局拟合的方法，用一个近似的平面或曲面无限趋近样本点。其拟合函数通常为一阶、二阶或三阶等 n 高次多项式方程 Z^1、Z^2、Z^3 和 Z^n，由下式表示：

$$
\begin{cases}
Z^1 = a_0 + a_1 x + a_2 y \\
Z^2 = a_0 + a_1 x + a_2 y + a_3 x^2 + a_4 xy + a_5 y^2 \\
Z^3 = a_0 + a_1 x + a_2 y + a_3 x^2 + a_4 xy + a_5 y^2 + a_6 x^3 + a_7 xy^2 + a_8 x^2 y + a_9 y^3 \\
\vdots \\
Z^n = a_0 + \sum_{k=0}^{1} a_{k+1} x^{1-k} y^k + \sum_{k=0}^{2} a_{k+3} x^{2-k} y^k + \cdots + \sum_{k=0}^{i} a_{k+\frac{i(i+1)}{2}} x^{i-k} y^k + \cdots + \sum_{k=0}^{n} a_{k+\frac{n(n+1)}{2}} x^{n-k} y^k
\end{cases}
$$

$$(3\text{-}21)$$

式中　a_i——多项式系数；

　　　x、y——位置参数。

利用最小二乘法即可求得对应的多项式系数值,之后用此系数值预测点值。当研究区域的表面变化较为平稳或研究对象为区域的长期及其整体变化时,通常采用全局趋势面模型。而当研究区域的参数变化较为复杂时,通常将区域分割为多个小区域,对每个小区域进行单曲面模拟,其结果更加符合局部趋势的变化。

二、空间克里金插值模型

Kriging 插值是一种基于空间自协方差的优化插值方法,是地质统计学的重要组成部分。由于经典统计学要求研究对象为相互独立的随机量,其分析方法在空间数据应用上存在缺陷。因此,法国地理数学家 Matheron 等对其进行了改进和扩充,提出了基于区域化变量理论研究空间数据的属性与特征表达。南非矿业工程师 D. G. Krige 根据无偏最优估计定律和加权线性平均对矿物平均品位进行了估计,随后 Matheron 结合区域化变量概论对该方法进行总结,将其称为 Kriging 插值法。该方法不仅考虑了待估点空间位置与样本点空间位置的相互关系,同时考虑了样本点之间的空间自相关性。从数据类型、区域化变量平稳性和假设特征将 Kriging 插值方法分类,包括简单 Kriging、普通 Kriging、泛 Kriging、协同 Kriging、贝叶斯 Kriging 和指示 Kriging 等。这些方法在边坡监测、大气环境感知和坐标系统转换等方面均获得了广泛应用[175-177]。

通常情况下,研究区域内的待求点属性值 $Z^*(s_0)$ 可由影响范围内的多个样本点属性值 $Z(s_i)$ 线性加权组合而得,如下所示:

$$
\begin{cases}
Z^*(s_0) = \sum_{i=1}^{n} \lambda_i Z(s_i) \\
\sum_{i=1}^{n} \lambda_i = 1
\end{cases}
$$

$$(3\text{-}22)$$

式中　λ_i——样本点权值。

在满足参数无偏和最优估计的条件下,即有下式成立:

$$E[Z^*(s_0) - Z(s)] = 0 \tag{3-23}$$

$$E\{[Z^*(s_0) - Z(s)]^2\} = \min \tag{3-24}$$

其中,在本质假设条件下,由式(3-23)可导出, $\sum_{i=1}^{n} \lambda_i = 1$;利用拉格朗日乘数法和式(3-25)

可导出克里金方程组：

$$\begin{cases} \sum\limits_{i=1}^{n} \lambda_i C(s_i - s_j) - \mu = C(r_0 - r_j) & j = 1, \cdots, n \\ \sum\limits_{i=1}^{n} \lambda_i = 1 \end{cases} \tag{3-25}$$

式中 μ——拉格朗日常数；

    $C(s_i - s_j)$——样本点 s_i 和 s_j 之间的协方差函数。

用变异函数表示可得：

$$\begin{cases} \sum\limits_{i=1}^{n} \lambda_i \gamma(s_i - s_j) + \mu = \gamma(r_0 - r_j) & j = 1, \cdots, n \\ \sum\limits_{i=1}^{n} \lambda_i = 1 \end{cases} \tag{3-26}$$

式中 $\gamma(s_i - s_j)$——样本点 s_i 和 s_j 之间的变异函数。

协方差函数 $\gamma(s_i - s_j)$ 和变异函数 $C(s_i - s_j)$ 满足以下关系：

$$\begin{cases} \gamma(s_i - s_j) = \delta_s^2 - C(s_i - s_j) \\ C(s_i - s_j) = \mathrm{Cov}[Z(s_i), Z(s_j)] \end{cases} \tag{3-27}$$

式中 δ_s^2——$Z(s)$ 的方差。

协方差函数和变异函数的确定是使用克里金插值的关键，主要用于描述区域化变量的空间特征。空间变异函数的确定方法可通过计算空间点对之间的半方差，下式为两点 s_i 和 s_j 理论半方差计算方法。

$$r(s_i - s_j) = \frac{[Z(s_i) - Z(s_j)]^2}{2} \tag{3-28}$$

通过选择合适的变异函数模型对理论半方差值进行拟合，拟合结果最优的即为最佳的变异函数。常用的变异函数模型有球状模型、指数模型、高斯模型、幂函数模型和洞穴效应模型等。其中球状模型、指数模型和高斯模型应用最为广泛，表达式可分别由式（3-29）～式（3-31）表示：

$$\gamma(s) = \begin{cases} c_0, & s = 0 \\ c_0 + c \cdot \left(\dfrac{3s}{2a} - \dfrac{s^3}{2a^3} \right), & s \leqslant a \\ c_0 + c, & s > a \end{cases} \tag{3-29}$$

$$\gamma(s) = \begin{cases} 0, & s = 0 \\ c_0 + c(1 - e^{-\frac{3s}{a}}), & s > 0 \end{cases} \tag{3-30}$$

$$\gamma(s) = \begin{cases} 0, & s = 0 \\ c_0 + c(1 - e^{-\frac{9s^2}{a^2}}), & s \neq 0 \end{cases} \tag{3-31}$$

式中 c_0——由于测量误差引起的块金值；

    a——变程；

c——拱高。

c_0在数学上可作为变量的纯随机性部分，当c_0为 0 时，上述模型为对应模型标准形式；a表示在变程范围内，数据间具有相关性，而在变程范围外，数据之间不相关；c表示在有效数据尺度内，观测数据的变异幅度大小。当c为 0 时，上述模型为纯块金效应模型；$c_0 + c$为基台值，表示空间变量的总变异值。图 3-3 为上述三种变异函数模型及其相应参数示意图。

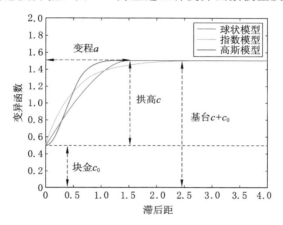

图 3-3　球状模型、指数模型和高斯模型及其参数示意图

由上图可知，球状模型和指数模型函数在原点附近呈现线性关系，高斯模型函数原点附近呈抛物线形状；球状模型函数在变程处取得基台值，而指数模型和高斯模型随滞后距无限接近基台值，在变程处函数值约为 $0.95c + c_0$。此外，还有幂函数模型和洞穴效应模型等变异函数模型，常用于部分特殊场景。幂函数模型是一种无基台变异函数模型，可用式（3-32）表示。

$$\gamma(s) = c \cdot s^\omega \tag{3-32}$$

参数 ω 范围区间为（0,2），当 $\omega = 1$ 时，该模型即为线性模型，为用于描述布朗运动（随机游走过程）的变异函数模型；当 $\omega \neq 1$ 时，该模型为分数布朗运动的变异函数模型。图 3-4 为当 $\omega = 1$，$0 < \omega < 1$ 和 $1 < \omega < 2$ 时该变异函数模型示意图。

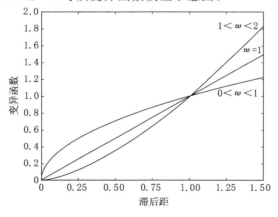

图 3-4　幂函数模型示意图

洞穴效应模型是一种具有周期性波动的变异函数模型,洞穴效应常在地质中垂直方向出现,式(3-33)和图 3-5 分别为该模型表达式和模型示意图。

$$\gamma(s) = c_0 + c \cdot \left[1 - e^{-\frac{s}{a}} \cos\left(\frac{2\pi s}{b}\right) \right] \tag{3-33}$$

式中　b——周期项系数。

b 用于描述变量的周期起伏特征。选择合适的变异函数或协方差函数模型后,即可对模型中的参数进行最优估计与评价。

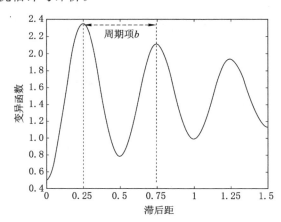

图 3-5　洞穴效应模型示意图

在确定合适的边缘函数后,令 $C(s_i - s_j) = C_{ij}$,因此,式(3-27)可用矩阵形式表示:

$$\boldsymbol{\lambda} = \begin{bmatrix} \lambda_1 \\ \lambda_2 \\ \vdots \\ \lambda_n \\ -\mu \end{bmatrix}, \quad \boldsymbol{C} = \begin{bmatrix} C_{11} & C_{12} & \cdots & C_{1n} & 1 \\ C_{21} & C_{22} & \cdots & C_{2n} & 1 \\ \vdots & \vdots & \cdots & \vdots & \vdots \\ C_{n1} & C_{n2} & \cdots & C_{nn} & 1 \\ 1 & 1 & \cdots & 1 & 0 \end{bmatrix}, \quad \boldsymbol{D} = \begin{bmatrix} C_{10} \\ C_{20} \\ \vdots \\ C_{n0} \\ 1 \end{bmatrix} \tag{3-34}$$

式中　$\boldsymbol{\lambda}$——采样点权矩阵;

　　　$\boldsymbol{C}$——克里金对称矩阵;

　　　$\boldsymbol{D}$——待求点与邻近点之间形成的协方差向量。

式(3-34)满足 $C_{ij} = C_{ji}$,由式(3-35)即可求解 $\boldsymbol{\lambda}$:

$$\boldsymbol{\lambda} = \boldsymbol{C}^{-1} \boldsymbol{D} \tag{3-35}$$

因此,基于最优和无偏估计,克里金插值法的估计方差可用下式计算:

$$\sigma_0^2 = C_{00} + \mu - \sum_{i=1}^{n} \lambda_i C_{i0} \tag{3-36}$$

将 λ 代入式(3-23)即可求解待估点的空间属性值。

三、时空插值模型

时空插值是在空间插值基础上引入了时间维度,主要为解决时空数据的缺失和不连续等问题,主要有约减法和扩张法[178,179]。约减法采用了一种时间维度和空间维度分离插值的思想,主要原理是:先对时空数据进行时间维度的补充,再对补充后数据进行空间插值的方法。以反距离加权为例,设点空间坐标(x,y),记为s,假定在t_0时刻、空间位置为s_0的时空数据缺失数据需要求出,首先进行时间维度插值。即有t_0时刻、空间位置s处的属性值$Z(s,t_0)$可表示为:

$$Z(s,t_0) = \frac{\sum_{j=1}^{n} \frac{Z(s,t_j)}{(t_j-t_0)^2}}{\sum_{j=1}^{n} \frac{1}{(t_j-t_0)^2}} \tag{3-37}$$

式中　$Z(s,t_j)$——时空点(s,t_j)属性值;

　　　n——参与插值的时间序列样本数。

通过式(3-37)即可得到任一空间点在时间t处的属性值,完成了时间插值后,即可进行空间插值求解t_0时刻任意一空间点处s_0的属性值$Z(s_0,t_0)$,可用下式所示:

$$Z(s_0,t_0) = \frac{\sum_{i=1}^{m} \frac{Z(s_i,t_0)}{d_i^2}}{\sum_{i=1}^{m} \frac{1}{d_i^2}} \tag{3-38}$$

式中　$Z(s_i,t_0)$——参与空间插值的样本属性值;

　　　m——参与空间插值的样本数;

　　　d_i——点(s_0,t_0)与点(s_i,t_0)的空间距离。

扩展法是一种将空间和时间统一的时空插值法,通过式(3-39)将空间距离和时间距离统一,计算任意两点(s_i,t_i)和(s_j,t_j)的时空距离d_{ij},然后再利用空间插值法进行参数估计。

$$d_{ij} = \sqrt{(x_i-x_j)^2 + (y_i-y_j)^2 + (t_i-t_j)^2} \tag{3-39}$$

同样以反距离加权插值为例,任一时空点(s_0,t_0)属性值$Z(s_0,t_0)$可由下式计算:

$$Z(s_0,t_0) = \frac{\sum_{i=1}^{k} \frac{Z(s_i,t_i)}{d_{i0}^2}}{\sum_{i=1}^{k} \frac{1}{d_{i0}^2}} \tag{3-40}$$

式中　$Z(s_i,t_i)$——参与时空插值的时空点属性值;

　　　k——参与时空插值样本点数量;

　　　d_{i0}——样本点(s_i,t_i)与待求点(s_0,t_0)时空距离。

四、时空克里金插值模型

时空 Kriging 插值是一种将空间 Kriging 插值在时间维度扩展的插值方法,该方法不同于时空插值。时空 Kriging 插值模型是以纯空间和纯时间 Kriging 模型为基础而建立的,是一种融合时间和空间的插值方法[180-182]。以普通克里金法为例,时空克里金法计算任意时空点(s_0,t_0)属性$Z(s_0,t_0)$,可用下式表示:

$$Z(s_0,t_0) = \sum_{i=1}^{k} \lambda_i Z(s_i,t_i) \tag{3-41}$$

式中　$Z(s_i,t_i)$——(s_0,t_0)附近时空点(s_i,t_i)属性值;

λ_i——$Z(s_i,t_i)$权系数;

k——临近时空点(s_0,t_0)数量。

与空间 Kriging 插值法类似,在满足无偏性和估计方差最小的前提下,可通过引入拉格朗日因子 μ 对上式进行求解,如下所示:

$$\begin{cases} \sum_{i=1}^{n} \gamma(s_i - s_j, t_i - t_j) + \mu = \gamma(s_{0j}, t - t_{0j}), j = 1, \cdots, n \\ \sum_{i=1}^{n} \lambda_i = 1 \end{cases} \tag{3-42}$$

式中　$s_i - s_j$——时空两点(s_i,t_i)和(s_j,t_j)的空间距离;

　　　$t_i - t_j$——时空两点(s_i,t_i)和(s_j,t_j)的时间距离;

　　　$r(s_i - s_j, t_i - t_j)$——对应的 $r(s_{ij}, t_{ij})$ 时空 Kriging 变异函数。

$r(s_{ij}, t_{ij})$ 可表示为:

$$\begin{cases} \gamma(s_i - s_j, t_i - t_j) = \delta_{st}^2 - C(s_i - s_j, t_i - t_j) \\ C(s_i - s_j, t_i - t_j) = \text{Cov}[Z(s_i,t_i), Z(s_j,t_j)] \end{cases} \tag{3-43}$$

式中　δ_{st}^2——$Z(s,t)$的方差;

　　　$C(s_i - s_j, t_i - t_j)$——对应的 $C(s_{ij}, t_{ij})$ 时空协方差函数。

时空变异函数和协方差函数可用于表示时空变量的结构与时空的连续性,上述函数的确定是进行时空 Kriging 插值的关键。时空变异函数的确定方法可通过计算点对之间的样本时空半方差值,选择合适的时空变异函数模型对所有样本半方差值进行拟合,式(3-44)为两时空点(s_i,t_j)和(s_j,t_j)样本时空半方差的计算公式。

$$\gamma(s_i - s_j, t_i - t_j) = \frac{[Z(s_i,t_i) - Z(s_j,t_j)]^2}{2} \tag{3-44}$$

时空变异函数模型的形式有可分离式和不可分离式[183],当变量在时空中的协方差函数值可表示成纯空间和纯时间域的协方差函数乘积时,可认为时空变异函数是可分离的,如下为可分离式时空协方差函数和变异函数表达式:

$$\begin{cases} C(s,t) = C_1(s)C_2(t) \\ \gamma(s,t) = \gamma_2(0)\gamma_1(s) + \gamma_1(0)\gamma_2(t) - \gamma_1(s)\gamma_2(t) \end{cases} \tag{3-45}$$

式中　s——空间距离;

　　　t——时间距离;

　　　$C(s,t)$——时空协方差函数;

　　　$\gamma(s,t)$——时空变异函数;

　　　$C_1(s)$——纯空间域协方差函数;

　　　$C_2(t)$——纯时间域协方差函数;

　　　$\gamma_1(s)$——纯空间域变异函数;

　　　$\gamma_2(t)$——纯时间域变异函数。

纯空间域或时间域变异函数模型一般可用空间变异函数模型表示。

不可分离式变异函数模型主要有度量模型、和度量模型与积和模型。其中度量模型引入几何异向因子,将时间距离转换为空间距离,即可计算相应时空距离,进而确定时空变异函数模型形式,但由于空间和时间维度性质有差异,因此度量模型在实际使用中的效果较差。和度量模型为度量模型的扩展,相较于度量模型,不仅考虑了时空交互部分,同时考虑了纯空间效应和纯时间效应,下式为和度量协方差函数和变差函数:

$$\begin{cases} C(s,t) = C_1(s) + C_2(t) + C_3\left(\sqrt{|s|^2 + (k \cdot t)^2}\right) \\ \gamma(s,t) = \gamma_1(s) + \gamma_2(t) + \gamma_3\left(\sqrt{|s|^2 + (k \cdot t)^2}\right) \end{cases} \tag{3-46}$$

式中　k——用于解决空间和时间各向异性问题的比例因子;

$C_3\left(\sqrt{|s|^2 + (k \cdot t)^2}\right)$——时空交互部分的协方差函数;

$\gamma_3\left(\sqrt{|s|^2 + (k \cdot t)^2}\right)$——时空交互部分的变异函数。

积和模型为 Cressie 等于 2001 年最早提出[184],该模型为纯空间协方差函数和纯时间协方差函数通过加乘、积分等混合运算组成,协方差函数和变差函数表示如下:

$$\begin{cases} C(s,t) = k_1 \cdot C_1(s)C_2(t) + k_2 \cdot C_1(s) + k_3 C_2(t) \\ \gamma(s,t) = [k_1 \cdot C_2(0) + k_2]\gamma_1(s) + [k_1 \cdot C_1(0) + k_3]\gamma_2(t) - k_1 \cdot \gamma_1(s)\gamma_2(t) \end{cases} \tag{3-47}$$

其中,k_1、k_2 和 k_3 满足以下表达式:

$$\begin{cases} k_1 = \dfrac{[C_1(0) + C_2(0) - C(0,0)]}{C_1(0)C_2(0)} \\[3mm] k_2 = \dfrac{[C(0,0) - C_2(0)]}{C_1(0)} \\[3mm] k_3 = \dfrac{[C(0,0) - C_1(0)]}{C_2(0)} \\[3mm] C(0,0) = k_1 C_1(0)C_2(0) + k_2 C_1(0) + k_3 C_2(0) \end{cases} \tag{3-48}$$

通过上式即可求解对应参数,同时保证了协方差函数的正定性特征。

第四节　基于 IAGA 模型改进的时空 Kriging 大气插值模型

由上节时空 Kriging 插值模型原理可知,时空变差函数模型由纯空间域和纯时间域变异函数组合而成,而每个变异函数模型都存在需要估计的块金、变程和基台等参数,且参数之间存在函数的套和问题,未知参数较多,该类问题属于多参数的组合优化问题。采用一般的最小二乘或线性化后的最小二乘法迭代求解效率和精度通常较差,且无法确定变异函数曲面上各个采样点权重,通常使用智能优化算法(遗传算法、蚁群算法和神经网络等)建立相应的目标函数,解决上述多参数的组合优化问题。

一、利用改进的自适应遗传算法求解时空 Kriging 模型系数

遗传算法(genetic algorithms,GA)是一种依据自然选择条件和生物遗传规律的智能优化方法[185,186]。作为一种启发式算法,遗传算法无须搜索空间信息且不受数据的连续性影响,常用于处理复杂的组合优化问题。但遗传算法的解算效率、精度以及复杂度主要取决

于交叉、变异和适应度函数等条件,对于传统遗传算法,其最终结果极大地依赖于初始解集,易陷入局部最优和收敛时间过长等问题。因此本书对遗传算法进行了相应改进,提出一种改进的自适应遗传算法(improved adaptive genetic algorithms,IAGA),对时空 Kriging 变异函数模型的参数进行最优估计。

IAGA 中需要解决的问题主要有:① 待求参数的染色体编码设计;② 适应度函数确定;③ 初始种群的确定;④ 编码序列的交叉与变异操作以及子代选择。本研究针对大气参数的时空 Kriging 插值模型特点,以变异函数中的参数求解为最终研究目标,IAGA 模型主要的改进内容包括:对初始种群的确定采用改良算法获得精度较优变异函数的参数初始解集,在子代种群中采用自适应方式选择新一代样本,同时考虑时空点位置关系优化适应度函数从而防止算法过早收敛,进一步避免陷入局部最优解。该算法的主要流程如下:

(1) 参数的染色体编码设置

参数的染色体编码主要用于表示参数大小,参数值可分为整数部分和小数部分,而染色体长度即代表了参数可表示的值范围和精度,染色体长度越长,精度更加准确,但消耗的计算机内存更大,处理时间将加长。染色体编码方式包括浮点数编码法、二进制编码法、格雷码编码法和符号编码法等。鉴于浮点数编码方式精度高、可表示的数值范围广和易于与其他算法混合使用,以及符合解决时空变异函数参数的连续性条件,因此在本实验中采用该编码方式。二进制编码具有操作简单、满足最小字符编码以及易于模式定量分析等优势,因此在遗传算法中最常使用。

二进制编码的每个染色体点位由 0 和 1 构成,其表示范围与染色体长度有关。式(3-49)为某一参数的染色体序列,染色体长度为 n:

$$l_n l_{n-1} l_{n-2} \cdots l_i \cdots l_2 l_1 \tag{3-49}$$

其中,定义的参数的取值范围为[min,max],对上述编码进行如下解码即可获得对应参数实际值 v。

$$v = \min + \frac{(\max - \min) \cdot (\sum_{i=1}^{n} l_{n-i+1} \cdot 2^{n-i})}{2^n - 1} \tag{3-50}$$

(2) 适应度函数确定

在 IAGA 算法中,每个个体适应度最大化都被作为一项基本准则,用于确定每次迭代后的个体是否被保留下来。因此,使用该算法时需要对时空变异函数中的各个参数建立合适的适应度函数,该适应度函数可用于评价模型拟合度,当适应度函数值越大时,个体对应的参数值更加接近最优值。设 x 为 IAGA 模型求解的时空 Kriging 变异函数参数解集,将 x 代入时空变异函数,减去理论半方差即可求得残差项,以残差平方和最小为准则。

$$\min = \sum_{i=1}^{n} (\gamma_i(x) - \gamma_i^0)^2 \tag{3-51}$$

式中　$\gamma_i(x)$——模型半方差值;

　　γ_i^0——理论半方差值。

适应度函数可用下式表示:

$$F(x) = -\sqrt{\frac{\sum_{i=1}^{n}(\gamma_i(x) - \gamma_i^0)^2}{n}} \qquad (3-52)$$

式中 $F(x)$——适应值。

$F(x)$值越大时,模型的拟合程度越高。

(3) 初始种群的确定

初始种群是模型的初始参数解集,虽然足够大的种群规模能够提高取得的最优解概率,但也将引起搜索空间的扩大,从而降低遗传算法的解算效率。为了优化初始种群的选择过程,本实验采用改良圈算法对初始参数编码优化,确保优良的初代种群。该方法具体步骤为,首先产生随机的一段参数编码序列 $L_0 = l_1 l_2 l_3 \cdots l_i l_{i+1} l_{i+2} \cdots l_n$,对应参数解集为 x_0,对该序列进行检索并进行移位操作。当检索至 i 号序列时,即生成新的序列 $L_1 = l_n l_{n-1} \cdots l_{n-i+1} l_{i+1} l_{i+2} \cdots l_{n-i+2} l_i \cdots l_2 l_1$,对应参数解集为 x_1。若 $F(x_1) > F(x_0)$,将 L_1 代替 L_0 序列,作为较优的初始种群,以提高算法取得最优解效率。

(4) 编码序列的遗传过程

IAGA 的遗传过程包括交叉、变异和选择基本遗传算子。交叉是指在父代染色体指定点位进行基因交换,从而产生新的后代过程。交叉方式有单点交叉、多点交叉和均匀分布交叉等方式,每个染色体位置出现交叉点概率是相同的。为保证算法的平稳进行,本实验采用强度最弱的单点交叉方式确保该算法的收敛精度,同时削弱和避免参数寻优中的抖振问题。图 3-6 为父代染色体 F1 和 F2 通过单点交叉过程产生的新子代 Z1 和 Z2 过程示例。

图 3-6 遗传算法单点交叉过程

由图 3-6 可知,父代染色体在第 $i-1$ 和 i 位置进行交叉过程,由此产生了对应两个子代染色体。所有的父代染色体并非全部进行交叉操作,预先设置一个介于 0—1 的交叉概率值 P_c,通常该值较大以保障交叉行为更加广泛。当该值为 1 时,说明所有个体都发生交叉操作,而当该值为 0 时,则表示不发生交叉操作。在计算机编程过程中,可通过生成一个服从 0—1 均匀分布的随机数,当该值小于该数时,则在对应的染色体组点位处进行交叉操作。同时,考虑为了加速算法寻优和取得最优解的过程,以"门当户对"的原则选择最优父本进行交叉操作,即适应度相似的样本进行配对。

变异过程是指对群体中染色体点位的基因值进行变动,根据编码方式有实值变异和二进制变异等。同样地,与交叉操作类似,变异操作同样具有一定的概率,任意点位出现变异的概率相同。通过预先设置一个介于 0—1 的变异概率值 P_b,通常该值较小,以确保样本的整体适应度平稳变化。当产生的随机数小于 P_b 时,则进行变异操作。在变异操作中,利用混沌序列确定染色体中发生变异的多个基因位置,采用多点变异的方式以减小算法过早收敛,以保证群体的多样性。

然而,由于将交叉和变异概率设定为常数,未能考虑样本进化过程中样本适应度的变化过程,采用自适应的系数能够对遗传过程进行更加合理的优化。本实验采用的自适应交叉因子和变异因子方程如下:

$$P_c = \begin{cases} P_{c0} + \alpha(f_c - f_{aver})/(f_{aver} - f_{max}) & f_c > f_{aver} \\ P_{c0} & f_c < f_{aver} \end{cases} \tag{3-53}$$

$$P_b = \begin{cases} P_{b0} + \beta(f_b - f_{aver})/(f_{aver} - f_{max}) & f_b > f_{aver} \\ P_{b0} & f_b < f_{aver} \end{cases} \tag{3-54}$$

式中　P_{c0}——初始交叉概率;

　　P_{b0}——初始变异概率;

　　α、β——区间[0,1]的常量;

　　f_c——交叉个体的适应度;

　　f_b——变异个体的适应度;

　　f_{aver}——所有个体中的平均适应度;

　　f_{max}——所有个体中的最大适应度。

该模型考虑了当子代适应度较差时,增大变异和交叉概率,提高遗传和变异系数,增加最优解寻求次数。子代适应度较强时,减小两系数值,加速收敛。

选择是指从父本和每次新产生子代群体中选择优胜的个体,淘汰劣质个体。通过比例算子可将适应度较高的种群保留,常使用转盘选择法来衡量。

二、数据来源与预处理

本实验区域位于中国东南部香港,用于测试本模型的温度和气压数据来源于欧洲中心的 ERA5 再分析资料(37 气压分层),时间为 2017 年 8 月 31 日至 2017 年 9 月 4 日,时间分辨率和水平分辨率分别为 1 h 和 0.125°×0.125°。以中国香港地区 GNSS 站上气象传感器观测的 1 min 温度和气压作为真值,用于检验 IAGA-Kriging 模型插值得到的 1 min 温度和气压数据精度。此外,为了进一步验证本模型获得的温度和气压对 GNSS 反演 PWV 的影响以及对比其他高精度水汽观测手段获取的 PWV 差异性,本实验还用了中国香港 GNSS 观测资料、卫星数据分析中心产品和探空站等数据,具体包括:

(1) GNSS 观测值来源于中国香港区域 11 个 GNSS 站,观测值数据采样间隔为 30 s。这些站点均配备气象传感器并提供了相应的气象数据,时间分辨率为 1 min,记为 GNSS-M。

(2) 卫星精密轨道和钟差产品来源于欧洲轨道测定中心,其产品时间分辨率分别为 15 min 和 30 s。

(3) 探空资料来源于怀俄明大学大气科学系服务器网站,时间分辨率为 12 h。

图 3-7 为本实验使用的 GNSS 站点和探空站点空间分布。

在时空分析中,由于输入值空间坐标参数、时间参数和输出值温度、气压之间的数值与量纲差异较大,因此在本实验中将对上述参数进行 z-score 标准化,标准化的表达式如下:

$$m_i = \frac{m_i^0 - \overline{m^0}}{\sqrt{\dfrac{\sum\limits_{i=1}^{n}(m_i^0 - \overline{m^0})^2}{n-1}}}, i = 1,2,\cdots,n \tag{3-55}$$

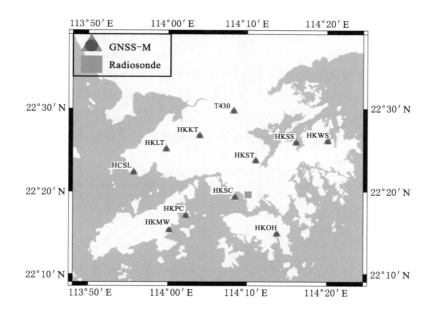

图 3-7　GNSS 站点和探空站点空间分布

$$\overline{m^0} = \frac{\sum\limits_{i=1}^{n} m_i^0}{n} \tag{3-56}$$

式中　m_i^0——原始数据（坐标、时间、温度和气压）；

m_i——标准化后的数据；

$\overline{m^0}$——原始数据集的平均值；

n——数据集大小。

实验的数据处理过程中，将标准化后的数据作为实际处理对象，最后通过 Kriging 模型求解的标准化气温和气压参数，对标准化参数进行反标准化，即可求得对应的实际气温和压强。

在变异函数的拟合度和模型的估计精度中，使用 BIAS、RMS 和皮尔逊相关系数 R 作为检验精度标准。式(3-15)为 BIAS 和 RMS 的表达式，R 的计算表达式如下：

$$R = \frac{\sum\limits_{i=1}^{n}(V_i - \frac{\sum\limits_{i=1}^{n} V_i}{n})(V_i^0 - \frac{\sum\limits_{i=1}^{n} V_i^0}{n})}{\sqrt{\sum\limits_{i=1}^{n}(V_i - \frac{\sum\limits_{i=1}^{n} V_i}{n})}\sqrt{\sum\limits_{i=1}^{n}(V_i^0 - \frac{\sum\limits_{i=1}^{n} V_i^0}{n})}} \tag{3-57}$$

式中　V_i——模型值；

V_i^0——实际值。

三、纯空间域和时间域变异函数模型的确定

使用时空 Kriging 插值方法时,需要先确定的是纯空间域和纯时间域变异函数。该函数的选择直接影响最终插值的精度,本书考虑三种常见的变异函数模型:指数模型(Exponential model)、高斯模型(Gaussian model)和球状模型(Spherical model)。在空间域上,本实验的函数拟合结果反映出温度和压强最优的纯空间域变异函数在所有的时刻上均表现出高斯函数特征。表 3-4 为温度和气压的纯空间域变异函数反标准化后拟合的统计结果,图 3-8 为某一时刻三种温度和气压的纯空间域变异函数模型拟合结果。

表 3-4 纯空间域变异函数的拟合统计量

纯空间域变异函数	温度变异函数			压强变异函数		
	BIAS	RMS	R	BIAS	RMS	R
高斯模型	0	0.10	0.97	0	0.10	0.98
指数模型	−0.04	0.18	0.96	−0.07	0.24	0.96
球型模型	−0.04	0.18	0.96	−0.07	0.24	0.96

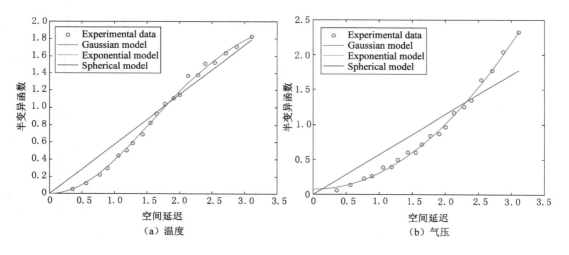

图 3-8 纯空间域变异函数的拟合

由以上统计结果可知,高斯函数拟合程度最高,最能体现空间距离和半方差之间的关系,与实际数据之间偏差最小。指数模型和球状模型两者拟合精度相当,呈现的曲线出现重合现象,其拟合的曲线与直线模型结果很接近。因此,选择高斯函数作为时空 Kriging 中的纯空间域变异函数模型,根据式(3-55)求解待求点的标准化温度或压强参数,利用空间 Kriging 模型计算标准化的插值结果,将其反标准化即可得到其插值点处的温度或压强。利用交叉验证法验证空间 Kriging 模型的插值精度,并将其结果与样条曲面、反距离加权和最邻近插值法比较,表 3-5 为空间插值模型的统计结果。

表 3-5 空间 Kriging 模型、样条曲面模型、反距离加权模型和
最邻近插值模型的气温和气压插值的交叉验证

插值模型	气温			气压		
	BIAS/K	RMS/K	R	BIAS/hPa	RMS/hPa	R
空间 Kriging	0	0.06	0.99	0	0.04	0.98
样条曲面	0	0.06	0.99	0	0.04	0.98
反距离加权	0	0.11	0.98	0	0.05	0.98
最邻近插值	0.01	0.20	0.95	0	0.08	0.95

由表 3-5 结果可知,基于高斯模型建立的空间 Kriging 模型具有较高的精度,较其他高精度插值算法差异较小,进一步验证了在空间域使用 Kriging 插值方法的有效性。

纯时间域 Kriging 函数模型的确定方法与空间 Kriging 模型类似,但考虑到气温和压强属于大气参数,具有一定的周期变化特征,因此在构建纯时间域克里金模型时需充分考虑这种特征。因此,在时间克里金变异函数的选择上,考虑使用洞穴效应模型(Hole Effect model)对纯时间域变异函数进行拟合。图 3-9 为 2017 年 8 月 31 日至 2017 年 9 月 4 日任选的一个格网点使用四种纯时间域变异函数模型的气温和气压拟合结果。

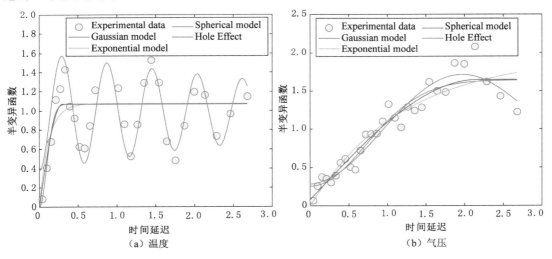

（a）温度 （b）气压

图 3-9 纯时间域变异函数的拟合

由图 3-9 可知温度和气压具有一定的周期波动性,符合洞穴效应模型特征。基于洞穴效应模型的拟合结果明显优于另外三种,球形模型效果最差。表 3-6 为三种温度和气压的纯时间域变异函数模型拟合结果。

由表 3-6 的统计结果可知,在温度的变异函数拟合中,洞穴效应模型的拟合 RMS 远小于另外三种模型;而在气压的拟合中,该模型同样优于高斯和指数模型,且在气温拟合中优势更加明显。其原因是气温日变化与太阳辐射日变化基本一致,温度受日照影响更加明显,与时间的关联更加紧密,日周期特征更加明显。而气压变化的非周期性特征更加明显,是空气中大气

参数的综合结果。由于气温的周期性较气压更加明显,从而使用洞穴效应模型反映出的周期效应能力更强。因此,本实验选择洞穴效应模型作为时空 Kriging 模型中的纯时间域变异函数。表 3-7 为使用纯时间域克里金和三种常用插值法交叉验证结果。

表 3-6　纯时间域变异函数的拟合统计量

纯时间域变异函数	温度变异函数			压强变异函数		
	BIAS	RMS	R	BIAS	RMS	R
高斯模型	0	0.30	0.56	0	0.20	0.83
指数模型	0	0.31	0.60	−0.01	0.23	0.83
球状模型	−0.01	0.31	0.58	−0.01	0.22	0.84
洞穴效应模型	0	0.20	0.86	0	0.15	0.90

表 3-7　纯时间域克里金模型、样条曲线模型、反距离加权模型和最邻近插值模型的气温和气压插值的交叉验证

插值模型	气温			气压		
	BIAS/K	RMS/K	R	BIAS/hPa	RMS/hPa	R
纯时间域克里金	0	0.16	0.99	0	0.23	0.99
样条曲线	0	0.19	0.98	0	0.30	0.98
反距离加权	0	0.24	0.98	0	0.30	0.98
最邻近插值	0.02	0.44	0.96	−0.02	0.51	0.96

　　表中结果显示了纯时间域 Kriging 模型、样条曲线模型、反距离加权模型和最邻近插值模型的温度和气压插值精度,纯时间域 Kriging 插值考虑了变量的时间相关性,精度明显优于其他三种方法。上述几种模型的温度和压强 RMS 分别为 0.16 K 和 0.23 hPa、0.19 K 和 0.30 hPa、0.24 K 和 0.30 hPa 以及 0.44 K 和 0.51 hPa,结果进一步验证了考虑时间相关性的克里金插值模型优于常规插值模型。

四、基于 IAGA 的时空克里金模型精度分析

　　根据上节纯空间域和纯时间域 Kriging 模型的拟合结果可知,高斯模型和洞穴效应模型分别为最佳的纯空间域变异函数和纯时间域变异函数。因此,在后续时空 Kriging 模型的参数估计中,纯空间域变异函数和纯时间域变异函数将分别以高斯模型和洞穴效应模型的形式进行参数求解。

　　确定了纯空间域变异函数和纯时间域变异函数的表达形式,还需要确定时空变异函数的模型形式。本实验考虑使用可分离式、和度量式与积和式三种时空变异函数模型进行拟合实验。由于时空变异函数模型不同于纯空间域和纯时间域变异函数模型,其变异函数表达式更加复杂、求解参数较多,最小二乘法需要给出模型参数的先验值,经常出现难以收敛或收敛时间过长等情况。因此,本实验使用上节中 IAGA 模型计算时空变异函数中的待估参数。图 3-10 和表 3-8 分别为使用 IAGA 模型求解时空变异函数的拟合图与拟合统计量。

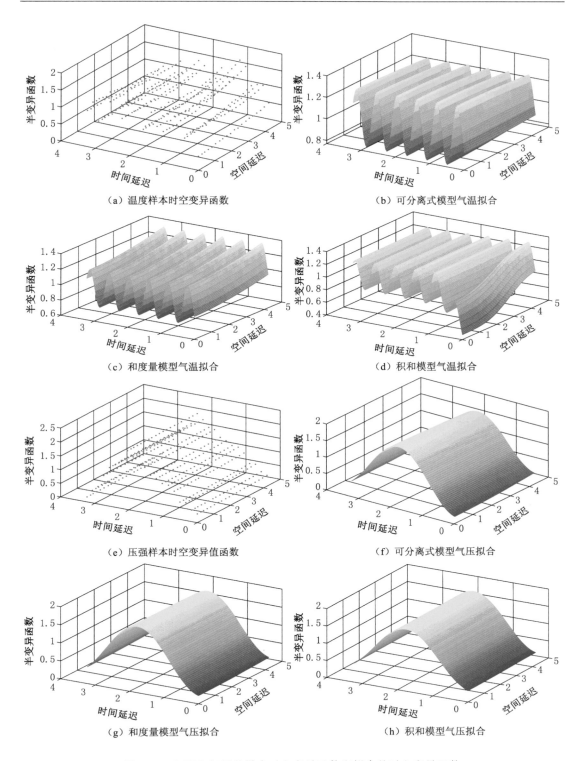

（a）温度样本时空变异函数　　　　　　　（b）可分离式模型气温拟合

（c）和度量模型气温拟合　　　　　　　（d）积和模型气温拟合

（e）压强样本时空变异值函数　　　　　　（f）可分离式模型气压拟合

（g）和度量模型气压拟合　　　　　　　（h）积和模型气压拟合

图 3-10　气温和气压的样本时空变异函数和拟合的时空变异函数

表 3-8　时空变异函数的拟合统计量

时空变异函数	温度			气压		
	BIAS	RMS	R	BIAS	RMS	R
可分离式	0	0.19	0.72	0	0.18	0.94
和度量	0	0.15	0.83	0	0.19	0.94
积　和	0	0.18	0.74	0	0.17	0.95

图 3-10 表明,可分离式、和度量式与积和式时空变异函数均保留了温度和气压参数在时间域和空间域的基本特点,同时能够反映参数在时空域上的变化。表 3-9 统计结果表明,和度量模型对于气温时空变异函数模型拟合的精度最高,三种模型的拟合 RMS 分别为 0.19、0.15 和 0.18;对于气压的时空变异函数模型拟合,采用积和模型的拟合结果精度最高,三种模型拟合的 RMS 分别为 0.18、0.19 和 0.17。因此,在后续的实验中,分别使用和度量模型与积和模型建立温度与气压的时空变异函数。

为了进一步验证 IAGA-Kriging 模型计算的温度和气压精度,使用图 3-7 中配备气象传感器的 11 个 GNSS 站点获得的 1 min 温度和气压实际观测值作为真值进行验证,同时对比了时空约减法插值模型和 GPT3 经验模型的结果。表 3-9 和表 3-10 分别为基于三种模型得到的 GNSS 站点气温和气压与真值对比结果。

表 3-9　基于三种模型得到的气温统计量

站点	IAGA-Kriging			时空约减法			GPT3		
	BIAS/K	RMS/K	R	BIAS/K	RMS/K	R	BIAS/K	RMS/K	R
HKST	−0.36	1.85	0.87	−0.38	1.85	0.86	−0.54	2.70	0.52
HKSS	0.18	1.25	0.86	0.20	1.27	0.86	0.51	2.19	0.39
HKSL	0.16	1.13	0.85	0.19	1.15	0.84	0.33	1.98	0.39
HKSC	0.25	1.06	0.86	0.25	1.07	0.87	0.55	1.96	0.50
HKPC	0	1.13	0.85	0.03	1.16	0.85	0.29	2.00	0.45
HKOH	0.01	1.57	0.83	0.01	1.58	0.82	0.23	2.26	0.59
HKMW	0.23	1.40	0.80	0.23	1.41	0.79	0.33	2.07	0.48
HKLT	0.12	1.17	0.88	0.13	1.21	0.87	0.33	2.16	0.36
HKKT	0.48	1.29	0.90	0.49	1.30	0.90	0.74	2.41	0.24
HKWS	0.51	1.47	0.80	0.53	1.48	0.80	0.84	2.26	0.35
T430	0.01	1.01	0.84	0.05	1.09	0.84	0.32	2.22	0.36
平均值	0.14	1.30	0.85	0.16	1.32	0.85	0.36	2.20	0.42

表 3-10　基于三种模型得到的气压统计量

站点	IAGA-Kriging			时空约减法			GPT3		
	BIAS/hPa	RMS/hPa	R	BIAS/hPa	RMS/hPa	R	BIAS/hPa	RMS/hPa	R
HKST	−0.26	0.36	0.98	−0.30	0.39	0.98	1.19	1.83	0.17
HKSS	−0.24	0.40	0.98	−0.25	0.40	0.97	1.25	1.94	0.16
HKSL	−0.33	0.42	0.98	−0.34	0.43	0.98	1.07	1.75	0.19
HKSC	−0.23	0.36	0.98	−0.25	0.38	0.98	1.72	1.86	0.25
HKPC	−0.20	0.39	0.98	−0.21	0.40	0.97	1.17	1.86	0.19
HKOH	−0.40	0.49	0.98	−0.41	0.51	0.97	1.02	1.74	0.24
HKMW	−0.26	0.37	0.98	−0.27	0.38	0.97	1.16	1.78	0.07
HKLT	−0.29	0.40	0.98	−0.29	0.41	0.97	1.12	1.78	0.17
HKKT	−0.28	0.38	0.98	−0.28	0.39	0.97	1.15	1.84	0.20
HKWS	−0.23	0.38	0.98	−0.23	0.39	0.98	1.28	1.96	0.16
T430	0.04	0.28	0.98	0.05	0.30	0.98	1.50	2.10	0.18
平均值	−0.20	0.38	0.98	−0.25	0.40	0.97	1.24	1.86	0.18

上述结果表明,时空约减法和 IAGA-Kriging 模型的结果要显著优于 GPT3 经验回归模型,其计算的各站点气温和气压参数与实际值更加接近,在各站点上插值得到的温度和气压与实际观测值之间的平均相关系数 R 分别优于 0.85 和 0.97,表明了插值结果与真实值是一致的。利用 IAGA-Kriging 模型获得的温度和气压精度最高,温度平均 BIAS 和 RMS 分别为 0.14 K 和 1.3 K,较 GPT3 模型平均 BIAS(0.36 K)和 RMS(2.2 K)分别减小了 61% 和 41%,较时空约减法模型分别减小了 12.5% 和 1.5%。在气压上,IAGA-Kriging 模型的 BIAS 和 RMS 分别为 −0.20 hPa 和 0.38 hPa,较 GPT3 模型分别减小了 84% 和 79.5%,较时空约减法模型分别减小了 20% 和 5%。

通过 IAGA-Kriging 模型,可以获得任意时空点上的温度和气压属性值,可为 GNSS 高时空分辨率水汽反演提供高时空分辨率的基础气象数据支撑。为了进一步验证该模型求得的温度和气压对 GNSS-ZTD 转换 PWV 的影响,本实验使用第五章中的 2017 年 8 月 31至 2017 年 9 月 5 日的 HKSC 站点 GNSS-ZTD 数据,分别用 HKSC 站实测气温和气压值、ERA5 和 IAGA-Kriging 模型计算的温度和气压将 GNSS-ZTD 转换为三套 PWV 产品(GNSS-PWVM、GNSS-PWVE 和 GNSS-PWVIE)。其中 GNSS-PWV 的数据处理平台来自第五章的 GNSS 事后高精度水汽反演系统,中国香港当地的加权平均温度模型来自第四章的 T_m 结果。以探空站反演的 PWV(RS-PWV)作为真值进行精度验证,图 3-11 为 HKSC 站点的 GNSS-PWVM、GNSS-PWVE、GNSS-PWVIE 和附近探空站 RS-PWV 的时间序列,其中时间分辨率分别为 1 min、1 h、1 min 和 12 h。

由图 3-11 可知,GNSS-PWVE 全部位于 GNSS-PWVIE 序列上,这是由于 GNSS-PWVIE 是基于 ERA5 数据的时空扩展结果,因此两者在相同时间域上的结果是相同的。扩展的高时间分辨率 GNSS-PWVIE 与 GNSS-PWVM 时间序列变化趋势保持一致,两者偏

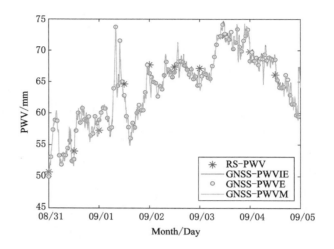

图 3-11　HKSC 站点 2017 年 8 月 31 日—2017 年 9 月 5 日 GNSS-PWVIE、
GNSS-PWVE、GNSS-PWVM 和附近探空站 RS-PWV 时间序列

差约为 -0.18 mm,两者结果基本相当。对比 RS-PWV,GNSS-PWVIE 的 BIAS、RMS 和 STD 分别为 0.6 mm、1.6 mm 和 1.6 mm,而应用气象数值预报模型对于 PWV 精度要求不低于 3 mm。因此,采用时空克里金扩展后的高时间分辨率 PWV 产品能够满足气象研究的要求。上述结果表明,通过时空 Kriging 模型能够有效改善气象数据的时空分辨率,解决高时空 GNSS 水汽反演技术中气象数据的时空不连续问题。

第五节　本 章 小 结

本章针对区域 GNSS 水汽反演过程中大气参数常见的缺失问题进行研究。在无气象参数情况下可通过构建大气经验模型获得任意时空点气象数据,而当气象数据时空分辨率较低时,可构建对应的时空插值模型补充。此外,在大气经验模型的构建过程中,讨论了 5 种经验模型形式计算地表温度和气压在中国区域的精度,并分析了在中国不同区域的误差特性。在大气参数的时空插值模型中,考虑了气象数据的时空特征,提出了一种基于 IAGA 改进的时空 Kriging 模型用于解决气象数据的时空不连续问题。提出的新方法计算的温度和气压与实际值对比,平均 BIAS、RMS 分别为 0.14 K、1.3 K 和 -0.2 hPa 和 0.4 hPa,较 GPT3 模型平均 BIAS 和 RMS 分别减小了 61%、41% 和 84%、80%,较时空约减法模型分别减小了 13%、2% 和 20%、5%,用于反演的高时间分辨率 GNSS-PWV 的 BIAS、RMS 和 STD 分别为 0.6 mm、1.6 mm 和 1.6 mm。

第四章　区域大气加权平均温度模型

　　大气加权平均温度 T_m 是计算水汽转换系数的关键参数,而水汽转换系数精度直接影响 ZWD 转换的 PWV 精度。由于探空数据计算 T_m 的时间分辨率较低,因此通常需要建立高精度的区域 T_m 回归模型。本章以中国区域为例,分析影响 T_m 的主要气象参数和地理条件,以及几种单、双和多因子线性回归模型求解单站 T_m 的精度影响。考虑到 T_m 具有线性变化和非线性变化,对线性回归 T_m 模型的拟合残差项进行非线性改正,建立线性模型＋神经网络/支持向量回归的组合 T_m 模型。

第一节　几种气象要素和地理高度与 T_m 的相关性分析

　　由第二章内容可知 T_m 是由水汽压和温度计算公式(2-15)计算得到,其数值与水汽压和温度有关。温度参数通常可由气象传感器直接测量得到,当露点温度可用时,可直接通过露点温度 T_d(单位:℃)计算水汽压 e,公式如下:

$$e = 6.112 \cdot \exp(\frac{17.62 T_d}{243.12 + T_d}) \tag{4-1}$$

　　当露点温度未知时,水汽压 e 通常也可通过饱和水汽压和相对湿度 rh 根据式(2-18)计算得到。其中饱和水汽压可根据式(2-19)利用大气温度计算得到。在物理中,相对湿度表示水汽压和饱和水汽压的比值,水汽压表示空气中水汽所产生的分压力,是大气压的一部分。因此,由 T_m 计算公式和 e 表达式可知,大气温度 T、大气压强 P、水汽压 e、露点温度 T_d 和相对湿度 rh 均与 T_m 存在一定的相关关系。此外,上述的大气参数与高程同样具有非常强的相关关系。因此,为了进一步提高 T_m 模型精度,本节将分析 T_m 与上述气象参数的地表值(T_s、P_s、e_s、T_{ds} 和 rh_s)和高程之间的相关关系。

一、地表气象要素与 T_m 相关性分析

　　本实验使用怀俄明大学提供的中国区域 2014—2019 年探空站数据分析 T_m 与地表气象数据之间的关系。由于不同参数量纲差异较大,为了体现上述各参数之间的时序特征,采用如下公式对上述参数进行归一化:

$$m^i = \frac{m^i - m^i_{\min}}{m^i_{\max} - m^i_{\min}} + i \tag{4-2}$$

式中　m^i——地表气象参数;

$i = \{0, 1, 2, 3, 4, 5\}$——T_s、P_s、e_s、T_{ds}、rh_s 和 T_m；

$m_{\max}^i$、$m_{\min}^i$——参数 m^i 数据集中的最大值和最小值。

图 4-1(a)至图 4-1(d)分别为中国四大地理区域中任意选取 4 个探空站点的 T_m 与上述地表参数的时间序列图,在北方地区、青藏地区、南方地区和西北地区选取的探空站点的地理经纬度分别为(47.71°N,128.83°S)、(36.41°N,94.90°S)、(25.73°N,112.97°S)和(42.81°N,93.51°S):

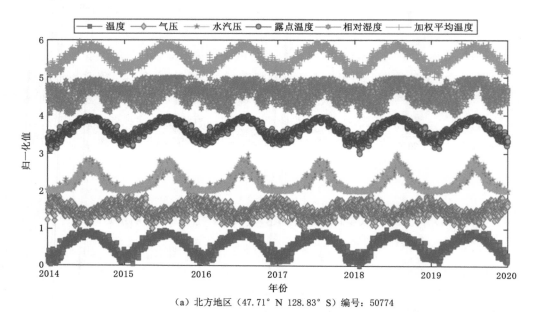

（a）北方地区（47.71° N 128.83° S）编号：50774

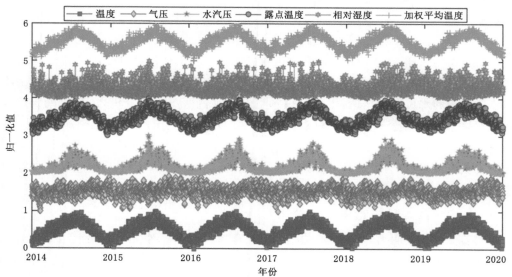

（b）青藏地区（36.41° N 94.90° S）编号：52818

图 4-1　归一化地表气象参数和 T_m 时间序列

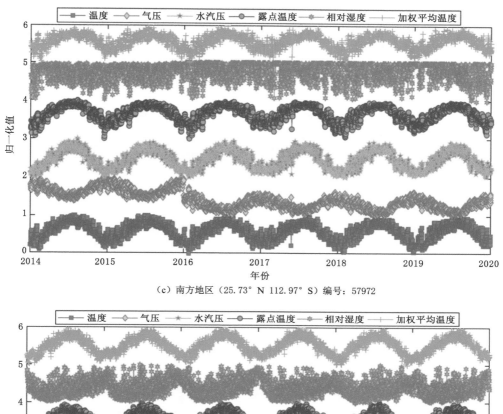

（c）南方地区（25.73° N 112.97° S）编号：57972

（d）西北地区（42.81° N 93.51° S）探空站编号：52203

图 4-1（续）

　　图中，T_s、P_s、e_s、T_{ds} 和 T_m 呈现明显的年周期变化。在数值上，T_s、P_s、e_s 和 T_{ds} 均与 T_m 呈现相同趋势（夏季高峰值、冬季低谷），而 P_s 呈现相反趋势。主要原因是由于我国夏季受到来自太平洋东南季风和印度洋西南季风影响，空气中携带了大量水汽，因此夏季常出现高水汽压情况。而在冬季，我国内陆盛行北风，受到持续的寒冷和干燥条件影响，因此冬季常出现低水汽压特点。此外，由于夏季高温引起空气膨胀使得空气密度减小，冬季低温引起空气冷缩使得空气密度增大，因此，大气气压通常在夏季较低、冬季较高。上述结果同样符合我国的基本季风气候特征:夏季高温多雨、冬季寒冷少雨、高温期与多雨期一致。对于 rh_s,未表现与 T_m 相似的趋势特征,因此可认为 rh_s 与 T_m 是几乎不相关的。

因此,本书选取地表参数 T_s、P_s、e_s 和 T_{ds} 对 T_m 建模。为了进一步了解各气象参数与 T_m 的相关性系数,图 4-2 为 T_s-T_m、P_s-T_m、e_s-T_m 和 T_{ds}-T_m 散点图。

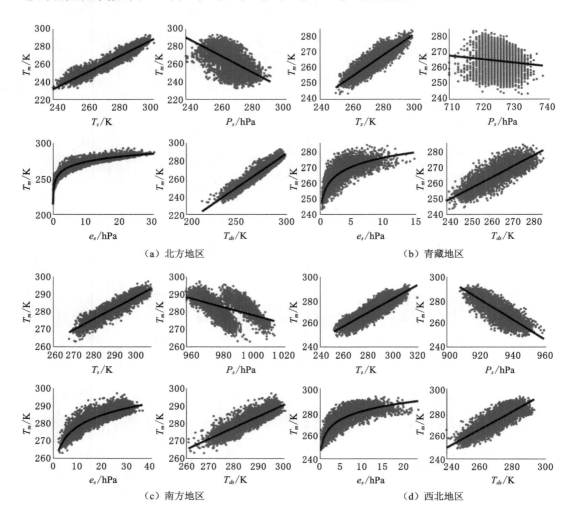

图 4-2　T_s-T_m、P_s-T_m、e_s-T_m 和 T_{ds}-T_m 散点图

图中,T_s 和 T_{ds} 均与 T_m 存在显著的线性正相关关系,e_s 和 T_m 具有较好的自然对数关系。因此,在目前的许多区域 T_m 建模中,T_s、T_{ds} 和 $\ln(e_s)$ 常用于对 T_m 单因子回归或多因子回归建模。而对于 P_s,仅能在图 4-2(d)中发现西北区域站点 P_s 与 T_m 具有较明显的线性负相关关系,在其余三个区域仅呈现微弱的负相关或不相关关系。表 4-1 为上述四个站点 T_s-T_m、P_s-T_m、$\ln(e_s)$-T_m 和 T_{ds}-T_m 的相关系数值:

表 4-1　T_s-T_m、P_s-T_m、$\ln(e_s)$-T_m 和 T_{ds}-T_m 相关系数

站点编号	相关性系数			
	$T_s - T_m$	$P_s - T_m$	$\ln(e_s) - T_m$	$T_{ds} - T_m$
北方地区	0.957 5	−0.574 0	0.954 5	0.957 4
青藏地区	0.893 5	−0.113 8	0.841 7	0.839 6
南方地区	0.919 2	−0.519 2	0.879 0	0.879 0
西北地区	0.899 9	−0.826 3	0.874 2	0.872 5

表中结果显示,在上述 4 个探空站点,T_s-T_m 相关系数均高于另外三个参数。因此,在大部分的 T_m 单因子回归模型中,基于 T_s 的 T_m 回归模型应用最为广泛。此外,表中结果显示 $\ln(e_s)$ 和 T_{ds} 在所有站点同样呈现与 T_m 高度正相关性,P_s 仅在西北地区的探空站呈现与 T_m 强负相关性。为了进一步分析基于上述气象参数建立的 T_m 模型在不同地区的精度特征,在第二节和第三节将分别讨论基于上述参数的单因子和多因子组合 T_m 模型在不同区域的适用性。

二、高程与 T_m 相关性分析

我国是一个地形起伏变化较大的国家,地形呈显著的阶梯状分布。西部地区主要以山地和高原盆地为主,其中青藏地区的平均海拔超过 4 km。大量研究表明[108-111],在许多区域 T_m 和高度 h 具有较强的相关性。同时,由于大多数的本地化 T_m 模型都是基于探空站高度建立的,而在地形起伏较大和探空站分布稀疏地区,利用当地探空站建立的 T_m 适用性大大降低。本实验选取了中国区域的四个代表性探空站点,计算了 2014—2019 年间高度 10 km范围内的 T_m 值。图 4-3 为各探空站点高度 h 和 T_m 散点图。

图 4-3 中显示,随着高度升高,T_m 具有明显线性递减趋势。为了了解在不同区域 T_m和高度 h 相关性系数大小,利用上述 4 个探空站 2014—2019 年的数据计算每个时刻的各高度 T_m,并分别求解高度 h 和 T_m 之间的相关系数时间序列。图 4-4 为相关性系数序列的经验分布函数。

图 4-4 中显示,h 和 T_m 具有显著的线性相关性,在青藏、西北、南方和北方地区线性关系逐渐递减,各区域相关系数绝对值大于 0.95 的经验函数值分别为 99.95%、99.65%、99.46% 和 78.66%,超过 0.9 的经验函数值分别为 100%、99.98%、93.65 和 99.95%。因此,对于高精度的 T_m 构建,可通过引入 T_m 垂直衰减因子 β(单位:K/km)优化 T_m 模型。为了分析 β 季节性特征,利用 2014—2019 年探空数据计算各历元 β 值,图 4-5 为青藏、西北、南方和北方地区共 4 个站点 β 时间序列。

由图 4-4 可知 β 具有明显的季节性变化,且 T_m 的垂直衰减量在夏季时分要大于冬季时分。产生的原因可能是:中国区域受太阳辐射量在夏季要高于冬季,来自太阳的照射加热使得地表迅速升温,引起对流层底部大气膨胀向上移动,克服地球引力过程中产生的能量转换使得温度更快下降,由于各层温度的快速下降,引起的 T_m 递减速率同时也加快。此外,由于北方地区探空站点纬度较高,气候干燥,白天受到的太阳辐射削弱能力差,昼夜温

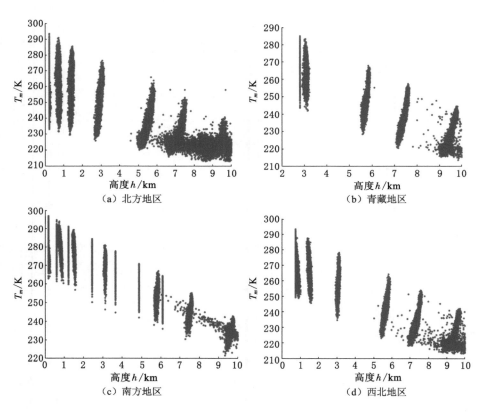

图 4-3　h-T_m 散点图

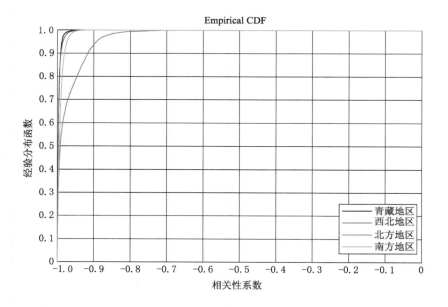

图 4-4　h-T_m 相关系数经验分布函数

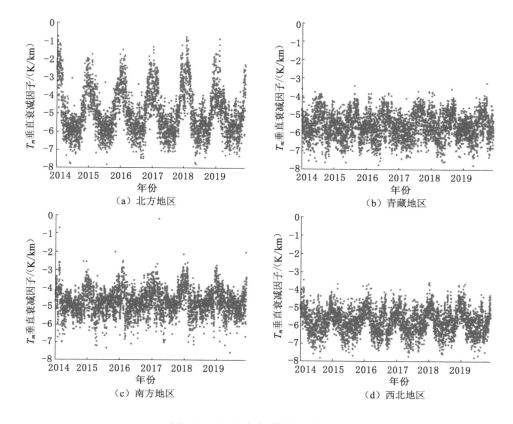

图 4-5　T_m 垂直衰减因子时间序列

差起伏较大,因此在图中能够看出 β 振幅也较其他低纬度区域更大。根据 β 的周期性特征,可通过构建相应的时变模型化 β,并根据该参数对 T_m 进行垂直方向改正,该部分将在下文详细阐述。

第二节　基于地表气象参数和高程改正的 T_m 单因子回归模型

由上文分析可知,T_m 和 T_s、P_s、$\ln(e_s)$ 和 T_{ds} 存在较好的线性相关性。因此,国内外学者在不同区域建立了基于上述几种地表气象参数 T_m 模型,然而许多的研究对象通常基于单站数据难以反映其他站点的全局特征,而使用多站探空数据建立的统一 T_m 模型(例如:Bevis 模型),其结果往往比区域较近的探空站点建立的 T_m 本地化模型精度低。基于此,本节将针对中国区域各个探空站点建立各自探空站处的 T_m 单因子回归模型。同时,根据上节高程和 T_m 线性递减关系,引入 T_m 垂直衰减因子进一步对 T_m 模型进行高程方向改正。

一、实验数据与方法

探空数据来源于 2014—2019 年 88 个中国区域探空站,由怀俄明大学提供。其中2014—2018 年探空资料用于构建 T_m 模型和 β 模型,2019 年探空资料用于检验模型精度。

本实验分别考虑 T_m 的单因子线性回归和非线性回归两种。其中对于单因子线性回归模型,考虑分别用 T_s、P_s、$\ln(e_s)$ 和 T_{ds} 构建 T_m 单因子回归模型,其观测模型如下所示:

$$\begin{cases} T_m = a_0 + a_1 \cdot T_s \\ T_m = a_0 + a_1 \cdot P_s \\ T_m = a_0 + a_1 \cdot \ln(e_s) \\ T_m = a_0 + a_1 \cdot T_{ds} \end{cases} \tag{4-3}$$

式中　a_0、a_1——待求参数。

以 $T_m = a_0 + a_1 \cdot T_s$ 为例,用矩阵形式表示改正方程:

$$V = \begin{bmatrix} 1 & T_s \end{bmatrix} \begin{bmatrix} a_0 \\ a_1 \end{bmatrix} - T_m \tag{4-4}$$

当存在多余观测时,上述方程可用最小二乘法求解。

非线性回归模型考虑使用姚宜斌等[112]提出的 T_s 与 T_m 非线性回归模型,其表达式如下所示:

$$T_m = a_0 + a_1 \cdot T_s^2 + a_2 \cdot T_s + \frac{a_3}{T_s} + \frac{a_4}{T_s^2} \tag{4-5}$$

式中　a_0、a_1、a_2、a_3、a_4——待求参数。

其观测值改正方程可用式(4-6)表示。

$$V = \begin{bmatrix} 1 & T_s^2 & T_s & \dfrac{1}{T_s} & \dfrac{1}{T_s^2} \end{bmatrix} \begin{bmatrix} a_0 \\ a_1 \\ a_2 \\ a_3 \\ a_4 \end{bmatrix} - T_m \tag{4-6}$$

利用式(4-3)即可求得基于探空站地表气象数据的单因子 T_m 值,对于任意探空站高度 T_m 的计算,本书引入 T_m 衰减因子用于求解任意高度 T_m[187]。以 T_s-T_m 线性模型为例,T_m 高程改正模型如下:

$$T_m = a_0 + a_1 \cdot T_s + \beta \cdot (h - h_s) \tag{4-7}$$

式中　T_m——待求点高度处加权平均温度;

　　　$h - h_s$——待求点高程与探空站地表高程差;

　　　β——站点的 T_m 垂直衰减因子。

β 可用以下周期函数表示:

$$\beta = \beta_0 + b_1 \cos(\frac{2\pi}{365.25}\text{DOY}) + b_2 \sin(\frac{2\pi}{365.25}\text{DOY}) + b_3 \cos(\frac{4\pi}{365.25}\text{DOY}) +$$

$$b_4 \cos(\frac{4\pi}{365.25}\text{DOY}) \tag{4-8}$$

式中　β_0——T_m 垂直递减因子年平均值;

　　　b_1、b_2——年周期系数;

　　　b_3、b_4——半年周期系数。

二、基于探空站地表气象参数的 T_m 单因子回归模型

将上述模型解算地表 T_m 结果与对应探空站实际地表 T_m 对比,即可求得每个站点 T_m 的 BIAS、STD 和 RMS。附表 1 至附表 5 为 88 个探空站点建立的上述 5 种基于单因子地表气象参数的 T_m 模型中对应的待求参数值和统计量,计算上述五种模型在中国区域 88 个探空站处 T_m 的 BIAS、STD 和 RMS 分布。

5 种模型在绝大部分区域未表现出明显偏差,但 STD 和 RMS 具有非常明显的区域特征,即随着纬度升高,模型的精度逐渐降低。其中线性 T_s-T_m 和 $\ln(e_s)$-T_m、T_{ds}-T_m 模型和非线性 T_s-T_m 模型求解的 T_m 能够保证整体精度优于 6 K,在南方地区优于 3 K。而 P_s-T_m 模型整体精度较差,该模型在全国范围内的 RMS 区间为[0 K,12 K],在南方地区优于 6 K,仅在南方沿海附近区域的精度优于 4 K。表 4-2 为 5 种模型在上述 88 个探空站点计算的 T_m 平均 BIAS、STD 和 RMS。

表 4-2 线性 T_s-T_m、P_s-T_m、$\ln(e_s)$-T_m、T_{ds}-T_m 模型和非线性 T_s-T_m
模型 BIAS、STD 和 RMS

模　型	统计量		
	BIAS/K 区间	STD/K 区间	RMS/K 区间
线性 T_s-T_m	−0.05 [−0.96,0.82]	3.21 [1.84,5.18]	3.23 [1.87,5.20]
线性 P_s-T_m	−0.23 [−1.75,4.61]	5.49 [2.18,11.67]	5.55 [2.32,11.71]
线性 $\ln(e_s)$-T_m	−0.26 [−1.39,0.82]	3.73 [2.09,6.25]	3.76 [2.16,6.30]
线性 T_{ds}-T_m	−0.28 [−1.44, 0.75]	3.74 [2.10,6.26]	3.78 [2.18,6.32]
非线性 T_s-T_m	−0.05 [−0.98,0.79]	3.20 [1.84,5.05]	3.22 [1.87,5.06]

由表中数据可知,根据 T_s 建立的 T_m 模型精度最高,线性 T_s-T_m 模型和非线性 T_s-T_m 模型两者精度基本相当,其平均 BIAS、STD 和 RMS 均分别优于 −0.05 K、3.21 K 和 3.23 K。线性 P_s-T_m 较另外几种模型整体精度最差,在多数站点不适合使用该模型计算 T_m 值。对比现有的中国区域 T_s-T_m 模型[96,105],建立的各站点区域的 T_m 模型优于中国区域 T_m 模型的 RMS(3.708 K 和 3.52 K),能够有效改善 T_m 精度。

三、基于高程改正的 T_m 模型

以线性 T_s-T_m 模型为例,利用 2019 年上述 88 个探空站站点各个高度($h < 10$ km)处 T_m 值拟合作为真值检验模型精度。附表 6 为利用 2014—2018 年 88 个探空站数据解算 β 模型中的常数项参数和周期项参数,根据地表单因子气象参数 T_m 模型和 β 模型即可获得

任意高度的 T_m 值。计算各探空站点不同高度上直接用线性 $T_s\text{-}T_m$ 模型和经 β 改正后 T_m 的平均 BIAS、STD 和 RMS 分布。在不同高度使用未经 β 高程改正的线性 $T_s\text{-}T_m$ 模型求解的 T_m 精度较差，且具有明显的偏差，在绝大部分区域的 BIAS、STD 和 RMS 分别高于 4 K、5 K 和 6 K。其中南方区域和西北区域精度最低，BIAS、STD 和 RMS 均高于 7 K。经过高程改正后的线性 $T_s\text{-}T_m$ 模型计算的 T_m 与实际值之间无明显偏差，绝大部分区域的 BIAS、STD 和 RMS 分别低于 1 K、4 K 和 4 K。在南方区域和西北区域的精度改善最为明显，BI-AS、STD 和 RMS 均减小至 4 K 以下。表 4-3 为 2019 年上述两模型在全年探空站 BIAS、STD 和 RMS 均值。

表 4-3　线性 $T_s\text{-}T_m$ 模型和附加高程改正的线性 $T_s\text{-}T_m$ 模型的 BIAS、STD 和 RMS

模　型	统计量		
	BIAS/K 区间	STD/K 区间	RMS/K 区间
线性 $T_s\text{-}T_m$	5.38 [1.32,12.67]	5.42 [2.79,12.04]	7.68 [3.06,17.48]
高程改正的线性 $T_s\text{-}T_m$	−0.07 [−1.63,1.74]	4.40 [2.61,10.73]	4.49 [2.62,10.77]

由表 4-3 可知，经过高程改正的线性 $T_s\text{-}T_m$ 模型无明显偏差，全年所有站点的平均 BI-AS 几乎为 0。直接使用线性 T_s-T_m 模型结果具有明显的正偏差，这是由于随着高程的增加，使用基于地表的 T_m 模型和高程的相关性逐渐变化，而回归模型未考虑由于高度引入的系统偏差。相较于线性 $T_s\text{-}T_m$ 模型，高程改正的模型 BIAS 区间由[1.32 K,12.67 K]缩减至[−1.63 K,1.74 K]，STD 和 RMS 分别减少 18.8% 和 41.5%。

第三节　基于地表气象参数的多因子 T_m 改正模型

虽然利用单因子回归模型能够得到较高精度的 T_m，然而许多研究同样表明在部分区域使用多因子回归模型能够显著提升 T_m 精度。上述实验表明 T_m 和 T_s、P_s、e_s、T_{ds} 以及高程之间存在显著的相关性，因此小节将利用多种地表气象参数构建 T_m 回归模型，分析 T_m 的季节性特征，同时引入机器学习方法对模型的残差项进一步优化拟合，对 T_m 回归模型的非线性残差进行模型改正。

一、实验方法介绍

由上节可知，地理位置和地形起伏条件均对 T_m 精度产生影响，且不同地表参数构建的 T_m 在不同区域的精度表现特征不同。同时，在所有站点上均能发现 T_s 和 T_m 相关性最高，拟合结果最佳。因此，本实验以 T_s 为基本因子，组合 P_s、$\ln(e_s)$ 和 T_{ds} 构建各地探空站高度 T_m 的双因子、三因子和四因子模型，为区域 GNSS 水汽反演提供高精度的本地化 T_m 模型。

下式为 T_s 分别组合 P_s、$\ln(e_s)$ 和 T_{ds} 的双因子 T_m 回归模型：

$$\begin{cases} T_m = a_0 + a_1 \cdot T_s + a_2 \cdot P_s \\ T_m = a_0 + a_1 \cdot T_s + a_2 \cdot \ln(e_s) \\ T_m = a_0 + a_1 \cdot T_s + a_2 \cdot T_{ds} \end{cases} \tag{4-9}$$

式中 a_0、a_1、a_2——待求参数。

以 T_s-P_s-T_m 双因子模型为例，上述模型改正方程可用式(4-10)表示。

$$V = \begin{bmatrix} 1 & T_s & P_s \end{bmatrix} \begin{bmatrix} a_0 \\ a_1 \\ a_2 \end{bmatrix} - T_m \tag{4-10}$$

三因子 T_m 模型包括 T_s-P_s-$\ln(e_s)$-T_m 模型，T_s-P_s-T_{ds}-T_m 模型和 T_s-$\ln(e_s)$-T_{ds}-T_m 模型。其表达式分别为：

$$\begin{cases} T_m = a_0 + a_1 \cdot T_s + a_2 \cdot P_s + a_3 \cdot \ln(e_s) \\ T_m = a_0 + a_1 \cdot T_s + a_2 \cdot P_s + a_3 \cdot T_{ds} \\ T_m = a_0 + a_1 \cdot T_s + a_2 \cdot \ln(e_s) + a_3 \cdot T_{ds} \end{cases} \tag{4-11}$$

以 T_s-P_s-$\ln(e_s)$-T_m 三因子模型为例，上述模型改正方程可用式(4-12)表示。

$$V = \begin{bmatrix} 1 & T_s & P_s & \ln(e_s) \end{bmatrix} \begin{bmatrix} a_0 \\ a_1 \\ a_2 \\ a_3 \end{bmatrix} - T_m \tag{4-12}$$

四因子 T_m 模型为 T_s-P_s-$\ln(e_s)$-T_{ds}-T_m 模型，其表达式如下：

$$T_m = a_0 + a_1 \cdot T_s + a_2 \cdot P_s + a_3 \cdot \ln(e_s) + a_3 \cdot T_{ds} \tag{4-13}$$

其中，该模型改正方程可用式(4-14)表示。

$$V = \begin{bmatrix} 1 & T_s & P_s & \ln(e_s) & T_{ds} \end{bmatrix} \begin{bmatrix} a_0 \\ a_1 \\ a_2 \\ a_3 \\ a_4 \end{bmatrix} - T_m \tag{4-14}$$

将 T_m 分为线性项和非线性项部分，线性项部分可通过地表气象参数的线性回归模型解算，而非线性难以模型化。因此，本实验通过线性化模型的拟合残差作为非线性项部分，采用机器学习的方法对线性模型的残差项进行拟合，该部分在下节将详细描述。

二、基于地表气象参数和季节改正的 T_m 多因子线性回归模型

为检验多因子 T_m 线性回归模型精度，本书使用来源于怀俄明大学大气科学系提供的2014—2019 年 88 个中国区域探空站点的观测资料数据，用于计算多因子 T_m 模型参数和结果检校。其中 2014—2018 年探空资料用于构建上述 7 种地表 T_m 模型，利用 2019 年探空资料计算的地表 T_m 用于检验模型精度。表 4-4 为 7 种多因子线性 T_m 回归模型统计量。

表 4-4 7 种多因子线性 T_m 回归模型统计量

模　型	统计量		
	BIAS/K 区间	STD/K 区间	RMS/K 区间
$T_m = a_0 + a_1 \cdot T_s + a_2 \cdot P_s$	−0.04 [−0.63,0.79]	3.12 [1.85,5.20]	3.14 [1.87,5.21]
$T_m = a_0 + a_1 \cdot T_s + a_2 \cdot \ln(e_s)$	−0.09 [−0.91,0.61]	2.75 [1.79,4.38]	2.77 [1.79,4.41]
$T_m = a_0 + a_1 \cdot T_s + a_2 \cdot T_{ds}$	−0.10 [−0.92,0.58]	2.75 [1.79,4.38]	2.77 [1.79,4.40]
$T_m = a_0 + a_1 \cdot T_s + a_2 \cdot P_s + a_3 \cdot \ln(e_s)$	−0.06 [−0.74,0.56]	2.67 [1.79,4.35]	2.71 [1.79,4.40]
$T_m = a_0 + a_1 \cdot T_s + a_2 \cdot P_s + a_3 \cdot T_{ds}$	−0.09 [−0.72,0.55]	2.71 [1.79,4.36]	2.72 [1.79,4.40]
$T_m = a_0 + a_1 \cdot T_s + a_2 \cdot \ln(e_s) + a_3 \cdot T_{ds}$	−0.09 [−0.88,0.53]	2.74 [1.78,4.39]	2.76 [1.79,4.42]
$T_m = a_0 + a_1 \cdot T_s + a_1 \cdot T_s +$ $a_3 \cdot \ln(e_s) + a_4 \cdot T_{ds}$	−0.07 [−0.75,0.56]	2.69 [1.79,4.35]	2.71 [1.79,4.40]

由表 4-4 可知,相较于单因子线性回归模型,多因子回归模型能够显著提高 T_m 精度。在双因子模型中,T_s-$\ln(e_s)$-T_m 和 T_s-T_{ds}-T_m 模型精度较高,对比 T_s-T_m 单因子模型,双因子模型的 STD 和 RMS 均减小了 14.6%。在三因子模型中,T_s-P_s-$\ln(e_s)$-T_m 精度最高,相较于 T_s-T_m 单因子模型的 STD 和 RMS 分别减小了 16.8% 和 16.1%。同时,表中的数据显示附加 T_{ds} 参数的四因子模型不能够进一步改进 T_m 精度,其结果与三因子($T_m = a_0 + a_1 \cdot T_s + a_2 \cdot P_s + a_3 \cdot \ln(e_s)$)模型精度相当,同时优于双因子($T_m = a_0 + a_1 \cdot T_s + a_2 \cdot \ln(e_s)$)和单因子模型。

此外,许多研究表明建立全年的 T_m 模型具有显著的季节性误差[2,105,188]。为了进一步理解 T_m 季节性特征,改进模型的精度,图 4-6 为 2019 年不同地区上述几种多因子模型的 T_m 残差时间序列。

其中,双因子模型、三因子模型和四因子模型分别指代 T_s-$\ln(e_s)$-T_m、T_s-P_s-$\ln(e_s)$-T_m 和 $T_m = a_0 + a_1 \cdot T_s + a_2 \cdot \ln(e_s)$(下同)。由图 4-6 可知,三种模型反映的 T_m 变化趋势是一致的,全年偏差基本在 10 K 以内,其中南方地区偏差基本在 5 K 以内。同时,在北方区域的 T_m 偏差具有一定的季节特征,即冬季的偏差较大、夏季的偏差较小,这主要是不同季节受到的太阳辐射差异性导致的。当使用全年统一的 T_m 回归模型,未考虑 T_m 的季节性差异影响。为了进一步提高 T_m 精度,本实验采用季节分区的方式构建上述三种模型,表 4-5 为建立季节分区的双因子模型、三因子模型和四因子模型统计结果。

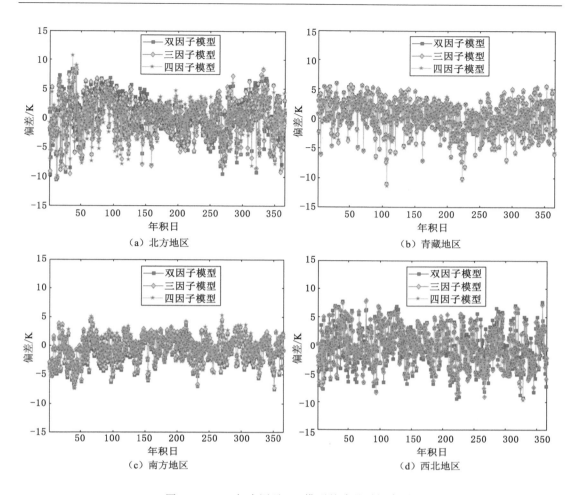

图 4-6 2019 年多因子 T_m 模型的残差时间序列

表 4-5 季节分区的双因子模型、三因子模型和四因子模型统计结果

	双因子模型			三因子模型			四因子模型		
	BIAS/K	STD/K	RMS/K	BIAS/K	STD/K	RMS/K	BIAS/K	STD/K	RMS/K
春季	0.16	2.72	2.76	0.15	2.72	2.76	0.16	2.72	2.76
夏季	−0.03	2.29	2.31	−0.03	2.25	2.27	−0.03	2.29	2.31
秋季	−0.27	2.57	2.62	−0.26	2.57	2.61	−0.27	2.57	2.62
冬季	−0.24	2.64	2.76	−0.24	2.63	2.75	−0.24	2.64	2.76
平均值	−0.10	2.60	2.65	−0.10	2.54	2.60	−0.09	2.56	2.61

由表 4-5 中数据可知,通过单独构建季节性的多因子回归模型,T_m 精度获得了进一步改进。相较于全年的 T_m 回归模型,独立的季节性双因子、三因子和四因子 T_m 模型的平均 STD 和 RMS 分别减小了 5.5% 和 4.3%、4.9% 和 4.2%、4.8% 和 3.8%。其中独立建立的 T_m 季节性模型,夏季和秋季精度最高、冬季和春季精度最低,这也是由我国夏暖冬寒的气

候特征导致的。由于上述模型是基于各探空站建立的,而许多的中国区域 T_m 模型是大多数使用的所有站点或地理分区站点建立的。因此,在指定的中国区域内选择距离较近的探空站 T_m 模型结果将更加可靠,精度优于当前平均 RMS 为 3.136 K 的全国多因子 T_m 模型。

三、利用机器学习算法改进 T_m 模型

由于线性 T_m 回归模型的局限性,T_m 的非线性部分难以通过多气象因子模型化表示。因此,本实验考虑对多因子线性 T_m 拟合后的残差项进行建模,对 T_m 进行非线性估计。由于残差部分变化特征较为复杂,具有季节周期项和非周期项,其表达式不易通过公式化表现,通常可使用机器学习算法对其建模。因此,本书使用机器学习算法中常用的神经网络模型和支持向量回归模型对线性 T_m 回归模型中的残差项进行拟合。

自从 20 世纪 40 年代的 M-P 神经元和 Hebb 学习规则出现以来,大量神经网络模型用于数字信号图像处理、模式识别、虚拟现实与非线性优化计算等领域[189]。其中比较著名的神经网络模型包括自适应共振理论及反向传播网络(BP)神经网络、感知机和 Hopfield 网络等。图 4-7 为一个具有两个隐层的简单人工神经网络。

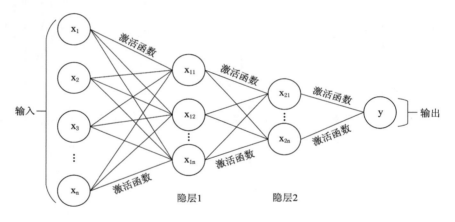

图 4-7　神经网络模型结构

使用人工神经网络模型(artificial neural network,ANN)需要选择合适的输入数据源,本实验针对不同的多地表气象因子 T_m 模型的残差项拟合,输入源采用对应的地表气象参数。此外,考虑到残差的季节性特征和时变特征,增加年积日(day of year,DOY)和日积时(hour of day,HOD)作为神经网络的输入,输出则为 T_m 回归模型的残差项。单因子、双因子、三因子和四因子 T_m 回归模型的神经网络模型的输入数据组分别为:DOY、HOD、T_s,DOY、HOD、T_s 和 $\ln(e_s)$,DOY、HOD、T_s 和 P_s,DOY、HOD、T_s、P_s 和 $\ln(e_s)$。

ANN 法解算 T_m 步骤如下:

(1) 由于各输入参数指标度量单位不同,为减小个别指标数值过大多对函数收敛速度影响,对输入输出值进行归一标准化处理;

(2) 设置各层的神经元个数和传递函数,网络的训练函数、学习函数和性能函数,设计训练次数、精度和学习率等参数,再进行网络的建立;

（3）将标准化处理后的输入参数集作为神经网络的输入值 $\{x_1, x_2, x_3, \cdots, x_n\}$，对应的加权平均温度归一化值作为输出值 y_1，输入值和输出值作为样本对网络进行训练；

（4）将训练的网络参数进行存储，将待求气象数据样归一化后用训练后的网络求解，对其进行反归一化处理后的值即为 T_m 的非线性部分；

（5）计算的 T_m 非线性部分加上线性单/多因子回归模型 T_m 的线性部分，即为最终 T_m。

支持向量机（support vector machine，SVM）最早是由 Corinna Cortes 和 Vapnik 等在1995 年首次提出的，最初用于解决计算机模式识别问题。基本思想是基于结构风险最小化和统计中的 VC 结构理论，是一种"小样本"学习方法，避免了其他机器学习方法的欠学习、高维度和易陷入局部最优等缺点[182]，应用于回归分析的 SVM 称为支持向量回归（support vector regression，SVR）。

SVR 的基本思想是定义一个损失函数，通过建立核函数，把原始数据空间通过非线性变换映射到高维空间，将求解回归函数问题转化为二次凸优化问题，同时引入松弛因子和惩罚系数形成对偶优化问题，最后得到该优化问题最优解。对于 SVR 模型的输入与神经网络模型是一致的，这里不再重复。

SVR 法解算 T_m 步骤如下：

（1）选取各测站气象参数和时间参数作为自变量输入值，同时计算对应的 T_m 作为应变量输出值；

（2）确定核函数，规定对应的归一化函数，对数据进行归一化处理，控制在要求区间内；

（3）选择合适的损失函数和惩罚系数；

（4）将输入输出值代入 SVR 模型中进行回归拟合，输入待求输入值，将得到的输出进行反归一化处理，即可得到 T_m 的非线性部分；

（5）计算的 T_m 非线性部分加上线性单/多因子回归模型 T_m 的线性部分，即为最终 T_m。

使用 2014—2018 年的 88 个探空站数据作为测试部分，2019 年的探空数据作为本模型的检验部分。表 4-6 和表 4-7 分别为使用神经网络模型和支持向量回归模型联合线性回归模型的 T_m 统计性结果。

表 4-6　神经网络模型分别组合双因子模型、三因子模型和四因子模型的 T_m 统计结果

模　型	统计量		
	BIAS/K 区间	STD/K 区间	RMS/K 区间
单因子 T_m 模型＋ANN 模型	−0.03 [−0.90,0.61]	3.20 [1.84,5.15]	3.22 [1.84,5.16]
双因子 T_m 模型＋ANN 模型	−0.04 [−0.56,0.61]	2.74 [1.79,4.36]	2.75 [1.79,4.38]

表 4-6(续)

模　型	统计量		
	BIAS/K 区间	STD/K 区间	RMS/K 区间
三因子 T_m 模型＋ANN 模型	−0.01 [−0.58,0.73]	2.68 [1.78,4.33]	2.70 [1.79,4.38]
四因子 T_m 模型＋ANN 模型	−0.04 [−0.74,0.51]	2.67 [1.79,4.33]	2.70 [1.79,4.35]

表 4-7　支持向量回归模型分别组合双因子模型、三因子模型和四因子模型的 T_m 统计结果

模　型	统计量		
	BIAS/K 区间	STD/K 区间	RMS/K 区间
单因子 T_m 模型＋SVR 模型	−0.05 [−0.90,0.68]	3.20 [1.84,5.16]	3.22 [1.87,5.20]
双因子 T_m 模型＋SVR 模型	−0.05 [−0.56,0.61]	2.74 [1.79,4.36]	2.75 [1.79,4.39]
三因子 T_m 模型＋SVR 模型	−0.08 [−0.74,0.62]	2.68 [1.78,4.33]	2.70 [1.79,4.39]
四因子 T_m 模型＋SVR 模型	−0.05 [−0.74,0.63]	2.69 [1.79,4.33]	2.70 [1.80,4.40]

　　表中结果显示,采用 ANN 模型和 SVR 模型与单/多因子线性回归模型的组合模型,对 STD 和 RMS 的改进量较小,但能够有效减小非组合 T_m 模型的 BIAS 及其区间,且组合 ANN 模型的结果要比 SVR 模型精度更佳。对比表 4-2 和表 4-4,采用 ANN 模型组合 T_m 模型,单因子、双因子、三因子和四因子 T_m 模型的 BIAS 分别减小了 40％、56％、83％ 和 43％。

第四节　本　章　小　结

　　本章主要阐述了中国区域的 T_m 构建方法,首先分析了几种气象要素和高程与 T_m 的相关性。结果表明,T_s 和 T_{ds} 均与 T_m 存在显著的线性正相关关系,e_s 和 T_m 具有较好的自然对数关系,在部分站点能够发现 P_s 和 T_m 的相关关系;高程和 T_m 具有负相关关系,且在青藏高海拔地区这种关系更加明显。比较了全国范围线性 $T_s\text{-}T_m$、$P_s\text{-}T_m$、$\ln(e_s)\text{-}T_m$、$T_{ds}\text{-}T_m$ 和非线性 $T_s\text{-}T_m$ 模型求解各探空站地表 T_m 精度,线性单因子 T_m 模型的精度排序由高至低分别为 $T_s\text{-}T_m$、$\ln(e_s)\text{-}T_m$、$T_{ds}\text{-}T_m$ 和 $P_s\text{-}T_m$,线性 $T_s\text{-}T_m$ 和非线性 $T_s\text{-}T_m$ 模型的精度相

当。计算了各探空站的 T_m 垂直衰减系数,比较了未附加高程改正的线性 $T_s\text{-}T_m$ 模型和高程改正的线性 $T_s\text{-}T_m$ 模型计算任意探空高度的 T_m。结果表明,在全国范围内,使用高程改正的线性 $T_s\text{-}T_m$ 模型 STD 和 RMS 分别减少了 19% 和 42%。分析了利用多地表参数构建的地表 T_m 模型精度,结果表明三因子[$T_m = a_0 + a_1 \cdot T_s + a_2 \cdot P_s + a_3 \cdot \ln(e_s)$]线性模型精度最高,而额外增加 T_{ds} 参数的四因子模型不能进一步提高 T_m 精度。在上述几种线性模型基础上,考虑了 T_m 的非线性部分,通过 ANN 模型和 SVR 模型对非线性残差部分进行拟合。结果表明,通过组合 ANN 或 SVR 模型,能够有效减小线性 T_m 模型的 BIAS。

第五章　高精度地基 GNSS 水汽监测系统与精度验证

由第二章地基 GNSS 反演 PWV 原理可知，GNSS-PWV 反演过程包含了 GNSS 观测值、卫星轨道钟差和气象参数等产品的获取、解析和处理。事后 GNSS 反演水汽所需的卫星产品可通过 IGS、CODE 和 GFZ 分析中心网站下载，实时 GNSS 水汽反演涉及实时数据流解析、Rinex 观测文件合成和数据的传输过程，利用高精度事后 GNSS 数据处理软件解算实时或事后 ZTD，从 ZTD 转换成 PWV 的公式得到对应的实时或事后高时间分辨率水汽产品。

本章首先介绍利用 BKG Ntrip Client(BNC) 软件和 Bernese GNSS V5.2 软件搭建 GNSS 水汽监测系统的设计方法，建立高精度的 GNSS 水汽监测系统平台。基于此平台，分别利用欧洲区域 CORS 站实时观测数据和中国香港区域的事后观测数据计算了对应的实时和事后 ZTD/PWV 产品，用 IGS 发布的事后 ZTD 和探空站反演的 PWV 分别对 GNSS 解算的 ZTD(GNSS-ZTD) 和 PWV(GNSS-PWV) 的精度进行验证。

第一节　软　件　介　绍

一、BNC 软件和 Bernese GNSS 软件

BNC 是依据国际海运事业无线电技术委员会(RTCM)互联网协议标准，基于国际大地测量协会欧洲小组委员会和 IGS 的框架开发的一款应用软件，具有对 GNSS 实时数据流进行检索、解码、转换、分析和处理等功能。由于 BNC 是在 GNU 通用公共许可证(GPL)下编写的开源软件，其源代码可以从 Subversion 软件存档(https://software.rtcm-ntrip.org/svn/trunk/BNC)获得。软件的预编译版本文件可从 https://igs.bkg.bund.de/ntrip/download 下载，在 MS Windows、Linux 和 Mac OS X 操作系统上均可以使用。

在高精度 GNSS 数据处理中，BNC 软件主要承担了接收 GNSS 观测站的实时数据流和分析中心发布的 GNSS 卫星轨道以及广播星历钟差实时改正数据流。对于 GNSS 实时观测值的接收，BNC 允许用户使用 NTRIP 广播、TCP/IP 端口、UPD 端口和串口方式进行。当使用 Caster 连接方式时，用户需输入 Ntrip 远程主机 IP 和端口号，通过验证身份信息即可远程接收实时数据流。此外，IGS 实时数据分析中心提供了 GNSS 卫星轨道和广播星历的钟差实时校正数据流，依据 Ntrip 协议对 RTCM SSR 标准化的数据流进行播发。官方提

供的挂载点 IGS01/ICG01 和 IGS02 仅提供 GPS 卫星轨道和钟差校正,IGS03 提供了 GPS和 GLONASS 双系统卫星轨道和钟差修正,参考框架为 ITRF2014。除了 IGS 能够提供的实时数据流服务,我国上海天文台、武汉和西安数据中心等多地均实现了挂载点的数据流接收,可提供 GPS、GLONASS、GALILEO 和 BDS 多系统的实时钟差和轨道实时产品[150]。另外,实时数据流服务还包括对广播星历数据流的访问产生的两种数据流,它们只携带星历数据而不携带观测数据。传入的星历数据将被检查是否具有可信度,将数据合并后进行高重复率地编码并使用 NTRIP 将其播发。官方提供的 RTCM3EPH 和 RTCM3EPH01 两个广播星历挂载点可供用户接受相应的数据流。RTCM3EPH 可提供由 BNC 软件生成的GPS、GLONASS 和 Galileo 卫星广播星历,数据流来自实时 IGS 全球网络的接收机,并被编码成 RTCM v-3 消息进行播发,整套信息每五秒钟重复一次;RTCM3EPH01 可提供由DLR 的网线软件生成的 GPS 广播星历,数据流同样来自实时 IGS 全球网络并被编码为RTCM v-3,五秒一次不断更新信息。

Bernese GNSS(简称 Bernese)是一款科学性、高精度和多卫星系统事后 GNSS 数据处理软件,由伯尔尼大学天文研究所开发。该软件目前已有来自世界各地 700 多家机构注册使用,处于永久开发和改正的状态,在 MS Windows、Linux 和 Mac OS X 操作系统上均可使用。Bernese 软件目前已能够很好地支持 GPS 和 GLONASS 单系统和双系统的组合数据处理,而对于最新的 GALELIO、BDS 和 QZSS 系统双频分析,用于操作处理的版本尚未完全开发。Bernese 提供了丰富的 Fortran 函数库,用户可根据自身需求对软件进行二次开发,指定相应的解决方案。此外,软件提供了数据批处理(BPE)功能,包括精密单点定位(PPP)、基线处理和卫星定轨等模块。用户使用 Perl 语言对软件的各函数模块进行调用,自动化求解 ZTD 和坐标等信息。

Bernese 软件提供了双差法和 PPP 法求解 GNSS-ZTD,用户使用批处理操作求解 ZTD过程中,仅需将收集的必要文件传输至软件指定的文件夹中,修改相应的参数设置即可完成最终的 GNSS-ZTD 解算。表 5-1 为用户使用 Bernese 软件的 PPP 模块和双差法模块求解 ZTD 用户需准备的文件。

表 5-1　Bernese 软件 PPP 和双差法模块解算 ZTD 必备文件

序号	文　　件
1	GNSS 站点观测值(o 或 d)
2	卫星轨道(SP3 或 EPH)与钟差(CLK)
3	大气电离层(ION)
4	参考框架(CRD 和 VEL)
5	GNSS 站点先验坐标(CRD)和速率(VEL)
6	GNSS 站点信息(STA)和缩略名(ABB)
7	GNSS 站点海洋潮汐改正(BLQ)和大气潮汐改正(ATL)

表 5-1(续)

序号	文　件
8	地球自转参数(ERP)
9	卫星信息和天线相位中心图(I$YY)
10	卫星码差分(DCB)和码偏分(DCB)
11	PCV 信息文件(PCV)
12	卫星问题文件(SAT_$Y)

在处理速度上,由于 PPP 无须引入额外 GNSS 站且无须进行超大的矩阵运算,因此在相同的数据量情况下,通常 PPP 模块求解 GNSS-ZTD 在时间上要优于双差法。然而,PPP 的精度极大受限于卫星轨道和钟差产品精度,双差法消除了卫星轨道和钟差的影响,因此通常情况下使用双差法得到的结果往往优于 PPP 法。许多学者将 Bernese 软件与 Gamit 和 rtklib 等 GNSS 数据处理软件获得的 ZTD 精度进行了对比,结果均表明 Bernese 软件的精度要优于大多数现有的 GNSS 数据处理系统。

二、基于 BNC＋Bernese 的 GNSS 水汽监测系统

由上节可知,BNC 具有非常强大的在线解析 GNSS 数据流功能,而 Bernese 具有事后高精度 GNSS 数据处理能力。因此,本书考虑将两者优势进行结合,建立实时/事后高精度 GNSS 水汽监测系统。图 5-1 为该系统的设计与处理流程。

图中,用于 GNSS 数据处理的基础输入数据包含两部分。其中 BNC 软件依据 Ntrip 协议接收来自数据中心播发的 RTCM 数据流,经过数据转换和解析等过程,生成超快速轨道钟差和 Rinex 格式的原始观测文件。由于 BNC 采集的原始观测值中没有站点的头文件(skl 文件)内容(包含站点位置和接收机等信息),因此用户需要将文件加入,生成完整的 Rinex 观测文件。对于 IGS 站点的 skl 文件,用户可通过 IGS 官方网站下载。另一部分的输入数据来自 Bernese 官网下载的实时 ION 文件和实时 DCB 文件,以及参考框架、站点先验坐标和潮汐改正等非实时性的用户预备文件。将上述文件重命名后并移动至 Bernese 软件指定目录下,即可开始启动 Bernese 的 BPE 功能。BPE 分别使用 PPP 和双差法模型解算 ZTD,设置相应的卫星高度角、投影函数和梯度模型等参数,分别生成 PPP-ZTD 和 DD-ZTD 产品。站点气压依据 Saastamoinen 模型计算的 ZHD 和 Bernese 软件解算的 ZTD 结果,可得到 ZWD。以气象参数为输入,利用前期建立的高精度 T_m 回归模型计算站点加权平均温度,得到高精度的水汽转换系数。最后,将 ZWD 转换为 PWV,作为输出高精度的实时水汽产品。当 Rinex 观测数据和卫星轨道钟差来自用户独立下载的事后分析中心提供的事后产品,可通过本系统得到事后的水汽产品。

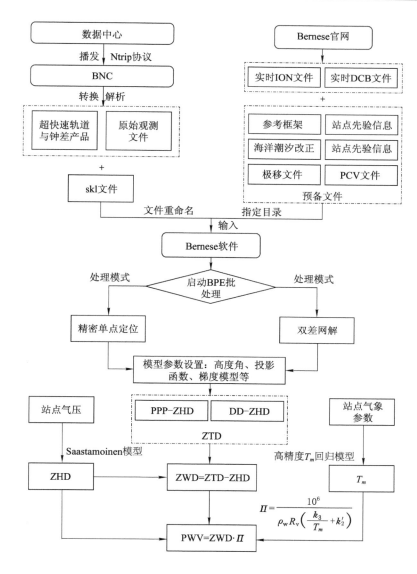

图 5-1　GNSS 水汽反演系统设计与处理流程

第二节　实时 GNSS-PWV 精度分析

一、实验区域与数据介绍

实验数据包括 GNSS 部分和探空站部分,GNSS 部分包括来源于 2018 年 7 月 8 日—7 月 18 日欧洲陆态网 GNSS 实时原始观测数据流和 CLK93 提供的 GPS 和 GLONASS 双系统实时轨道和钟差校正数据流,用于求解实时 ZTD 和实时 PWV。探空站数据来源于怀俄明大学科学系网站,用于检验实时 GNSS-PWV 精度。图 5-2 为 GNSS 和探空站点空间分布,表 5-2 为各站点地理经纬度和高程信息。

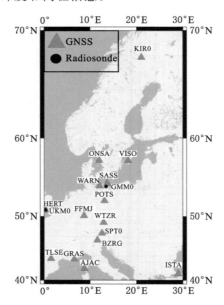

图 5-2　GNSS 和探空站点空间分布

表 5-2　GNSS 和探空站点地理经纬度与高程

站点	东经/(°)	北纬/(°)	高程/m
AJAC	8.76	41.93	98.8
BZRG	11.56	46.47	329.1
FFMJ	8.66	50.09	178.2
GRAS	6.55	43.45	1319.3
HERT	0.33	50.87	83.3
ISTA	29.02	41.10	147.2
KIR0	21.06	67.88	498.1
ONSA	11.93	57.40	45.6
POTS	13.07	52.19	144.4
SASS	13.64	54.51	68.2
SPT0	12.53	57.52	220.0
TLSE	1.48	43.56	207.2
VIS0	18.22	57.39	79.9
WARN	12.10	54.17	50.7
WTZR	12.88	49.13	666.0
UKM0	8.79	41.91	6.0
GMM0	13.40	54.09	2.0

为了对比不同 GNSS 处理模式对反演 PWV 的影响,本实验分别采用精密单点定位法和双差法求解 ZTD。GNSS 实时数据流的采样率为 30 s,卫星截止高度角设置为 5°,对流层投影函数使用 GMF 模型,先验温度气压模型为 GPT 模型,表 5-3 为具体的实时 GNSS-ZTD 解算策略。

表 5-3 实时 GNSS-ZTD 解算策略

处理模式	精密单点定位	双差
观测值类型	GPS+GLONASS	GPS+GLONASS
卫星轨道与钟差	CLK93	CLK93
观测值类型	载波相位/测距码	载波相位/测距码
观测值采样间隔	30 s	30 s
对流层投影函数	GMF 模型	GMF 模型
梯度模型	CHENHER	CHENHER
天线相位中心改正	IGS_14 模型	IGS_14 模型
潮汐改正	海洋潮汐和大气潮汐	海洋潮汐和大气潮汐
电离层误差	无电离层组合	无电离层组合
引力延迟	不考虑	不考虑
输出 ZTD 分辨率	30 min	30 min

通过上述过程可获得 GNSS-ZTD,还需获得对应 GNSS 站点的气象观测值将 ZTD 转换为 PWV。由于 GNSS 站点未配备气象传感设备且接收实时站点气象数据较为困难,需使用大气经验模型获取气象数据用于实时把 ZTD 转换成 PWV。因此,本实验选择 GPT3 模型获得各站点处的气压和大气加权平均温度,计算对应站点处的 ZHD 和水汽转换因子,即可将 ZWD 转换为 PWV。

二、精度分析

为了验证实时 GNSS-PWV 的精度,需要先验证 GNSS-ZTD 精度。由于分析中心采用事后卫星轨道和钟差得到的 ZTD 产品具有较高的精度,许多学者常用 IGS 和 CODE 等分析中心发布的事后 ZTD 作为参考值用于验证实时的 ZTD 精度。目前 IGS 分析中心提供了时间分辨率为 5 min、精度为 4 mm 的事后 ZTD 产品,可作为真值用于验证本研究的 GNSS-ZTD 结果。本实验中的各 GNSS 站均在 IGS 连续观测跟踪站列表中,表 5-4 为本实验中使用 PPP(精密单点定位)和双差法求解的实时 ZTD 对比 IGS 发布的 ZTD 统计结果。

表 5-4 PPP 和双差法求解的实时 ZTD 对比 IGS 发布的 ZTD 统计结果

站点	PPP			双差		
	BIAS/mm	STD/mm	RMS/mm	BIAS/mm	STD/mm	RMS/mm
AJAC	0.55	10.07	10.17	0.77	7.85	7.88
BZRG	0.31	19.06	19.10	−0.39	8.69	8.89

表 5-4(续)

站点	精密单点定位			双差		
	BIAS/mm	STD/mm	RMS/mm	BIAS/mm	STD/mm	RMS/mm
FFMJ	−0.85	11.52	11.53	−0.52	6.35	6.56
GRAS	−1.00	16.78	16.78	−0.91	7.72	7.77
HERT	−1.02	12.17	12.19	−1.06	7.02	7.09
ISTA	3.12	13.13	13.43	3.34	10.82	11.24
KIR0	1.19	11.39	11.44	2.19	6.85	7.18
ONSA	8.50	18.41	20.00	0.14	6.76	6.75
POTS	−0.36	17.47	17.42	−0.66	6.29	7.28
SASS	3.03	19.93	19.94	−0.87	5.94	6.00
SPT0	−2.10	16.98	17.08	−6.15	9.66	11.44
TLSE	1.93	14.86	14.96	0.94	12.28	12.31
VIS0	−0.17	12.55	12.57	1.54	5.73	5.93
WARN	−0.12	9.13	9.14	0.53	5.58	5.60
WTZR	0.04	8.18	8.17	0.07	6.33	6.34
平均值	0.87	14.11	14.25	−0.06	7.59	7.85

表 5-4 结果显示,采用 PPP 法和双差法解算的 ZTD 与 IGS-ZTD 结果相比均无明显偏差。在各站点上采用 PPP 解算的 ZTD(PPP-ZTD)与真值对比,其 BIAS、STD 和 RMS 区间分别为[−2.10 mm,8.50 mm]、[8.18 mm,19.93 mm]和[8.17 mm,20.00 mm];在各站点上采用双差法计算的 ZTD(DD-ZTD)与真值对比,其 BIAS、STD 和 RMS 区间分别为[−6.15 mm,3.34 mm]、[5.58 mm,12.28 mm]和[5.60 mm,12.31 mm]。整体精度上,实时 PPP-ZTD 在各站点的平均 BIAS、STD 和 RMS 分别为 0.87 mm、14.11 mm 和 14.25 mm,实时 DD-ZTD 在各站点的平均 BIAS、STD 和 RMS 分别为−0.06 mm、7.59 mm 和 7.85 mm。结果表明,对于实时 GNSS 求解 ZTD,采用双差法精度要显著高于 PPP 法。其主要的原因可能是实时卫星轨道和钟差产品精度通常具有较大的系统误差,双差法在观测值求差过程中已将该误差消除,而精密单点定位将实时卫星轨道和钟差产品作为已知值解算 ZTD 时,其误差没有得到消减。

使用 GPT3 模型获得各站点的气象参数,并计算 ZHD 和水汽转换系数等参数,可将 GNSS 站点实时 GNSS-ZTD 转换为实时 GNSS-PWV。为了进一步验证上述精密单点定位和双差法反演的实时 GNSS-PWV 精度,本实验选取了探空站 UKM0 和 GMM0 反演的 PWV 作为真值对实时 GNSS-PWV 的精度进行评估。将距离 UKM0 和 GMM 较近的两个 GNSS 站(HERT 和 WARN)反演的 PWV 作为测试站,表 5-5 为 HERT 和 WARN 站点 GNSS-PWV 与 UKM0 和 GMM0 站点 RS-PWV 对比结果。

表 5-5　GNSS-PWV 与 RS-PWV 对比结果

GNSS 站-探空站	PPP			双差		
	BIAS/mm	STD/mm	RMS/mm	BIAS/mm	STD/mm	RMS/mm
HERT-UKM0	0.72	3.64	3.81	0.98	2.58	2.89
WARN-GMM0	−1.53	2.59	2.92	−0.62	2.28	2.87
平均值	−0.40	3.11	3.36	0.18	2.43	2.88

表 5-5 中结果显示,不论是精密单点定位还是双差法反演的实时 GNSS-PWV 都有较高的精度,与 RS-PWV 仅存在较小的偏差。采用精密单点定位反演的实时 PPP-PWV 相较于 RS-PWV,其平均 BIAS、STD 和 RMS 分别为−0.4 mm、3.11 mm 和 3.36 mm;采用双差法反演的实时 DD-PWV 相较于 RS-PWV,其平均 BIAS、STD 和 RMS 分别为 0.18 mm、2.43 mm 和 2.88 mm。由 GNSS-ZTD 分析可知,DD-ZTD 精度要优于 PPP-ZTD,因此转换的 DD-PWV 同样优于 PPP-PWV。

第三节　台风天气下 GNSS-PWV 精度分析

一、实验区域与数据介绍

在本实验中,GNSS 观测数据来源于中国香港区域的 CORS 网,包括 15 个配备了气象观测设备的 GNSS 站点和 3 个未配备气象传感设备的 GNSS 站点;探空站数据来源于怀俄明大学大气科学系网站。图 5-3 和表 5-6 为本实验中的中国香港 GNSS 和探空站点分布及地理位置,其中配备和未配备气象观测设备的 GNSS 站点分别记为 GNSS-M 和 GNSS-U。

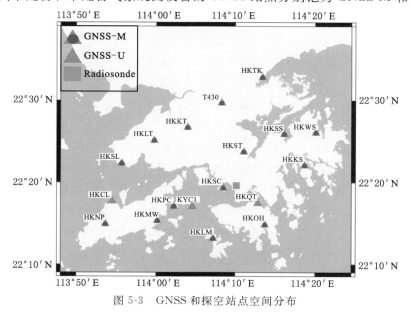

图 5-3　GNSS 和探空站点空间分布

表 5-6　GNSS 和探空站点地理经纬度与高程

站点	东经/(°)	北纬/(°)	高程/m
HKTK	114.22	22.55	22.5
HKST	114.18	22.40	258.7
HKSS	114.27	22.43	38.7
HKSL	113.93	22.37	95.3
HKSC	114.14	22.32	20.2
HKPC	114.04	22.28	18.1
HKOH	114.23	22.25	166.4
HKNP	113.90	22.25	350.7
HKMW	114.00	22.26	194.9
HKLT	114.00	22.42	125.9
HKLM	114.12	22.22	8.6
HKKT	114.07	22.44	34.6
HKWS	114.34	22.43	63.8
T430	114.14	22.49	41.3
HKKS	114.31	22.37	44.7
KYC1	114.08	22.28	116.3
HKCL	113.91	22.30	7.7
HKQT	114.21	22.29	5.2
Radiosonde	114.17	22.31	66.0

　　GNSS 数据和探空数据观测时间段为 2017 年中国香港区域 6 次热带气旋(台风)期间，按照热带气旋中心持续风速对热带气旋划分等级，由高至低等级的 6 次热带气旋事件的时间分别为：超强台风"天鸽"(8 月 20 日—8 月 24 日)、强台风"卡努"(10 月 12 日—10 月 16日)、台风"帕卡"(8 月 24 日—8 月 27 日)、强热带风暴"苗柏"(6 月 11 日—6 月 13 日)、强热带风暴"玛娃"(8 月 31 日—9 月 4 日)和热带风暴"洛克"(7 月 21 日—7 月 23 日)。图 5-4为上述 6 次热带气旋事件中气旋中心的移动轨迹图。

　　采用事后 GNSS 处理模式求解 ZTD,卫星轨道和钟差产品来源于 IGS 发布的事后精密星历。除提及用于 GNSS 数据处理要求的实时产品修正为事后产品和 ZTD 输出分辨率为1 min 外,其余的解算策略与实时 GNSS 反演 ZTD 基本一致。此外,由于中国香港站点较为密集,站点间距在几十公里以内,采用双差法计算 ZTD 时需引入大于 500 km 以外的测站消除站点之间的相关性。因此,本实验采用双差法求解 ZTD 时,额外引入了三个 IGS 站(BJFS、LHAZ 和 SHAO)的观测数据参与处理。

二、精度分析

　　本实验的 GNSS-ZTD 解算结果将与 IGS-ZTD 对比。IGS 提供了中国香港地区 HKSL

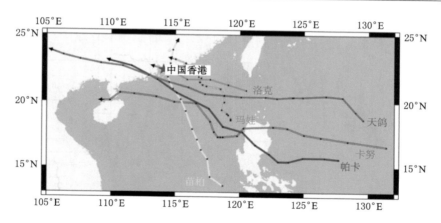

图 5-4　超强台风"天鸽"、强台风"卡努"、强热带风暴"苗柏"、台风"帕卡"、
强热带风暴"玛娃"和热带风暴"洛克"的移动路径

和 HKWS 站点的对流层产品，图 5-5 为 2017 年 6 次台风期间 HKWS 站点上空 IGS-ZTD、DD-ZTD 和 PPP-ZTD 的时间序列。

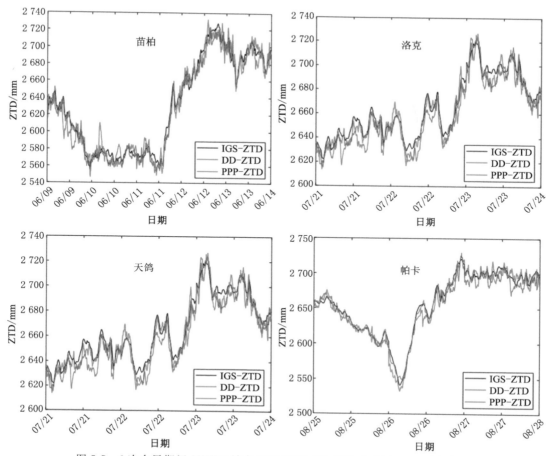

图 5-5　6 次台风期间 HKWS 站点 PPP-ZTD、DD-ZTD 和 IGS-ZTD 时间序列

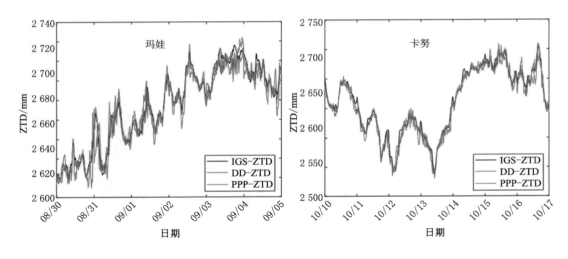

图 5-5(续)

图 5-5 中结果显示,无论在哪次台风事件中,DD-ZTD、PPP-ZTD 与 IGS-ZTD 三者之间均无明显差异,在时序变化上保持一致。在每个台风时期中,ZTD 均达到了最大值,其极大值均超过 2 700 mm,主要是由于台风的到来带来了大量水汽,空气中的湿度增大引起 ZWD 异常,之后随着台风远离又呈现下降趋势。表 5-7 为台风期间 HKWS 和 HKSL 站点 PPP-ZTD、DD-ZTD 与 IGS-ZTD 对比结果。

表 5-7   6 次台风期间 HKWS 和 HKSL 站点 PPP-ZTD、DD-ZTD 与 IGS-ZTD 对比结果

台风	站点	DD-ZTD			PPP-ZTD		
		BIAS/mm	RMS/mm	STD/mm	BIAS/mm	RMS/mm	STD/mm
苗柏	HKSL	—	—	—	—	—	—
	HKWS	−1.83	6.63	6.37	−2.89	9.85	9.42
洛克	HKSL	−2.66	5.86	5.22	−6.05	10.09	8.07
	HKWS	−2.98	5.77	4.93	−5.69	8.45	6.24
天鸽	HKSL	−5.58	10.98	9.46	−5.15	9.24	7.67
	HKWS	−3.23	9.48	8.91	−2.42	8.24	7.88
帕卡	HKSL	−2.23	6.85	6.48	−4.19	8.25	7.11
	HKWS	−2.98	6.89	6.21	−3.73	8.51	7.65
玛娃	HKSL	−1.06	7.36	7.28	−3.24	10.29	9.77
	HKWS	−1.58	7.13	6.95	−3.02	10.03	9.57
卡努	HKSL	−1.74	6.44	6.20	−2.71	9.97	9.60
	HKWS	−1.21	6.02	5.90	−5.31	10.06	8.54
平均	—	−2.46	7.22	6.72	−4.04	9.36	8.32

表 5-7 的统计结果显示:

（1）6 次台风事件中,双差法和 PPP 结算的 ZTD 结果均比 IGS-ZTD 小,平均 BIAS 分别为－2.46 mm 和－4.04 mm。

（2）从大部分站点的结果看,双差法整体解算精度比 PPP 高,DD-ZTD 的 RMS 区间为[5 mm,11 mm],PPP-ZTD 的 RMS 区间为[8 mm,11 mm],PPP-ZTD 有四次站点解算的 RMS 超过 10 mm,DD-ZTD 的解算精度较 PPP-ZTD 优于 2 mm。

（3）超强台风"天鸽"事件中,PPP 和双差法解算的 ZTD 结果均较差,在 HKSL 站点上解算结果与 IGS-ZTD 对比,BIAS 分别为－5.58 mm 和－5.15 mm。

（4）同一台风事件时段内,不同站点的 ZTD 解算精度 RMS 相差较小(<1.5 mm),而在不同时段内的相同站点 RMS 相差较大,最大差异超过 5 mm,因此说明 GNSS-ZTD 的解算结果受不同台风影响时,其反演精度也不同。

利用探空数据能够获取高精度的 PWV 产品,怀俄明大学大气科学系网站提供了相应的探空站资料,其中包含了一处在中国香港区域的探空站(图 5-3)。因此,为了验证 GNSS 反演水汽精度,实验选择了距离该探空站最近的 HKSC 站点上空反演的 PWV 和探空站反演的 PWV 结果进行对比。由于 HKSC 配备了气象传感设备,因此可直接使用实测的气象参数将 ZTD 转换为 PWV,时间分辨率为 1 min。RS-PWV 时间分辨率为 12 h,即探空站每日 0 时和 12 时分别发射一次探空气球。图 5-6 为 RS-PWV、DD-PWV 和 PPP-PWV 时间序列。

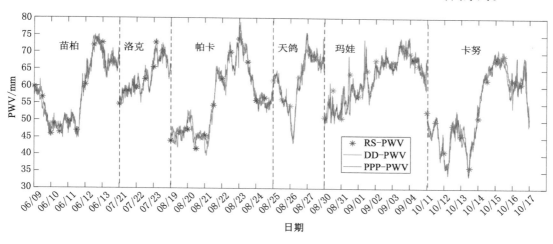

图 5-6　6 次台风期间 RS-PWV、DD-PWV 和 PPP-PWV 时间序列

图 5-6 结果显示,RS-PWV、DD-PWV 和 PPP-PWV 三者整体趋势基本一致,无明显系统偏差。同时,台风期间的 PWV 变化与 ZTD 变化(图 5-5)基本一致,由式(2-13)可知,PWV 值主要由 ZWD 与转换系数决定,转换系数和 T_m 有关,通常变化较小,而 ZWD 含量在台风天气下变化幅度较大,ZTD 和 PWV 的相关系数超过 0.9 表明了两者具有强相关性。ZTD 由 ZHD 和 ZWD 组成,其中 ZHD 成分占比约为 90%。ZTD 和 PWV 强相关性表明,台风期间的 ZTD 变化主要由水汽引起的 ZWD 主导。此外,在多次台风中 PWV 值均较大,其中天鸽作为 6 次台风中强度等级最高者,期间 PWV 最大值均高于另外 5 种台风期间最大值,该结果表明了台风的强度与内部水汽含量具有相关关系,对研究台风发展具有指

示作用。表 5-8 为两种方法求解的 GNSS-PWV 对比 RS-PWV 的统计结果。

表 5-8　GNSS-PWV 与 RS-PWV 对比结果

方法	BIAS/mm	RMS/mm	STD/mm
精密单点定位	−0.11	2.56	2.47
双差法	0.02	2.32	2.27

由上节 ZTD 精度分析可知,DD-ZTD 相较于 PPP-ZTD 精度优于 2 mm,通过表中的结果来看,转换的 PWV 精度同样是双差法更优,两者 RMS 相差 0.24 mm。对比实时 GNSS 观测模式情况下,事后的 PPP 与双差法反演的 ZTD/PWV 差异性远小于实时 GNSS 数据处理结果。这主要是由于事后 GNSS 处理模式采用了高精度的轨道和钟差产品,也进一步体现了 PPP 法对卫星轨道和钟差产品的精度依赖性。

第四节　本 章 小 结

本章研究了一种高精度 GNSS 水汽监测系统的设计与构建,评估了该系统在不同处理和观测模式下的水汽反演精度。在实时模式下,采用 DD 策略反演的 ZTD/PWV 精度明显优于 PPP 策略的结果。在事后模式下,两种策略解算的 ZTD 和 PWV 差异明显小于实时模式下的解算精度差异。此外,在同一次台风事件中的不同站点 GNSS-ZTD 解算结果偏差较小,而不同等级台风对于 GNSS-ZTD 解算结果的影响差异较大。其中台风“天鸽”为该年等级最高的台风,期间 GNSS-ZTD 偏差最大且水汽含量最高,初步研究表明 GNSS 数据处理精度可能与水汽的活跃程度有关。

第六章　利用地基 GNSS 水汽产品
研究极端天气事件

　　IPCC 将极端天气定义为集中于一年中的特定时间和地点出现的罕见事件,不同地区对罕见事件概念的定义也有一定差异。极端天气事件通常是由多种因素的组合结果,在全球范围内的极端天气事件主要包括暴雨、对流风暴、热带气旋、热浪和寒潮以及暴风雪等,其演变过程与所处的空间环境密切关联。

　　水汽是大气空间环境的重要气象参数,极端天气产生和消亡过程与水汽的热力学和动力学过程息息相关,利用高频的 GNSS 水汽信息有利于深入研究极端天气的演变机理,为监测和预报极端天气事件提供重要数据基础。本章首先介绍了当前地基 GNSS 水汽产品在几种重要的极端天气中的应用研究,并以登陆我国东南沿海区域热带气旋为例,研究了热带气旋登陆过程中的大气变化和水汽的运移规律。在监测热带气旋的运动方面,本书提出了一种使用高时空分辨率水汽信息监测台风的方法,该方法考虑了台风携带的水汽达到时间与地基 GNSS 站点的几何关系特征,通过与真实台风运动对比,验证了该方法的有效性。

第一节　地基 GNSS 水汽产品在典型极端天气中的应用

　　水汽是大气空间环境的主要成分,其含量及时空变化影响着大气循环和热量传输过程。许多的研究表明极端天气事件的发生往往与水汽的强烈变化有关,高时空分辨率的水汽是研究极端天气事件的重要信息源。GNSS 具有较好的抗天气干扰和连续观测能力,能够及时感应恶劣天气下的水汽快速变化特征。因此,国内外许多研究人员利用 GNSS 技术对多种极端天气开展了一系列研究,本节将简要介绍地基 GNSS 水汽产品在暴雨、对流风暴和热带气旋中的应用。

一、GNSS 水汽产品在暴雨中的应用

　　强降雨是全球范围内发生的最普遍的一种极端天气事件,常附带引起山体滑坡和洪水灾害。当前研究人员主要针对降雨前后的 PWV 变化趋势开展相关研究[190,191],许多研究表明在降雨开始之前,锋面移动过程中的 PWV 将出现明显的异常。随着锋面的离开,PWV 开始迅速下降,在开始降雨前一段时间 PWV 将达到峰值。在 PWV 达到峰值后,由于不同的天气系统特征,PWV 将出现不同的变化趋势:例如在洪水事件中,随着强降雨的

结束,大气的饱和状态未发生改变,因此 PWV 将保持长期的恒定状态;在强降雨发生前,PWV 会出现一段时期的下降,可能的原因是当前气态水转换为液态水的过程需要一定时间。

在强降雨事件发生后,PWV 将出现显著的增减趋势。在降雨强度和 PWV 变化趋势分析中,PWV 达到峰值和降雨到达极值之间的时间间隔在不同降雨事件中存在一定的差异性。大量的实验表明,PWV 的增长要早于降雨事件的发生。因此,研究人员需要根据降雨事件期间的 PWV 时间序列,设定相应的 PWV 阈值并结合地面气象观测值建立降雨预警系统。随着近/实时 GNSS 技术的发展,利用高时空分辨率的 GNSS-PWV 监测短临降雨事件技术将更加完善。

二、GNSS 水汽产品在对流风暴中的应用

对流风暴(雷暴)是由一个或多个对流单体构成,风暴单体以强烈的垂直运动触发对流产生,包括水平尺度由 1 km 至 2 km 的对流单体到几十公里的积雨云系。风暴常引起强风、暴雨、闪电和龙卷风等天气事件,其发展强度及其移动速度与大气环境的热力与动力因素有关[192-194]。根据积云的盛行垂直速度,风暴具有塔状积云、成熟和消亡阶段。在塔状积云阶段,主要以底部上升的暖气流为主,随着温度降低形成水滴和雪花,在后期阶段降雨将引起气流下沉。在成熟阶段对流风暴以气流上升和下降共存的状态为主要呈现形式,开始于雨量从云底降雨之时,并受到降雨粒子的拖拽影响,形成的下沉气流在垂直和水平方向扩展。下沉的冷气流在向低层扩散过程中,与单体运动的低层暖湿气流交会处形成飑锋。消亡阶段以气流下降为主,降雨发展至整个对流云体,随着气流的扩展,暖湿气流的冷池被切断,风暴逐渐走向消亡。

因此,上述过程表明了水汽的变化趋势对于理解对流风暴的生命周期具有重要意义,许多研究人员致力于对流系统各阶段降雨和水汽含量关系,通过风暴前的 PWV 水汽时序趋势评估低层大气的水汽辐合。同时,利用密集的区域 GNSS 网和层析技术可对风暴期间的水汽场进行时空分析,通过过境前后连续观测的水汽场,能够进一步挖掘水汽的运移规律,对风暴各阶段的发展过程具有指示作用。

三、GNSS 水汽产品在热带气旋中的应用

热带气旋是一种强烈的旋转风暴系统,每年夏季在北太平洋、印度洋和北大西洋附近频繁出现,具有强风、高湿度和风暴潮等特征。产生原因是海水受到夏季太阳辐射的高温影响,海洋中的水分蒸发至大气中,形成低气压的中心。由于热带气旋内部携带了大量能量和水汽,因此在热带气旋经过的区域通常会引起风暴潮和强降雨事件。通过沿海地区地面 GNSS 观测站或船载 GNSS 接收机,能够实时感知热带气旋入境前后的水汽变化。

许多研究已表明,在热带气旋接近和远离 GNSS 站点过程中,通过 GNSS 反演的 PWV 在气旋接近过程中呈现上升趋势,在气旋离开后 PWV 迅速下降[195-197]。热带气旋期间,GNSS-PWV 和探空站反演的 PWV 结果基本吻合,PWV 的增长幅度与热带气旋的强度和距离台风中心附近的距离有关。同时,相关学者发现在热带气旋入境期内,利用密集 GNSS 网上空的 ZTD 梯度能够表征气旋中心,证实了对流层延迟梯度能够表达气旋内部水汽的各向异性分布。此外,热带气旋期间的降雨过程中,水汽场呈现的快速增长和快速下降趋势是区别其他普通降雨事件的典型特征。

第二节　台风天气下大气参数的变化特征

本节将以 2018 年中国香港超级台风"山竹"事件为例,通过 GNSS 反演的 PWV 产品用于探测台风天气事件,分析台风登陆前后的水汽时空特征。以"山竹"台风生成至消亡为起止时刻,利用 IGS 发布的超快速精密星历产品,求解"山竹"登陆期间中国香港 CORS 网 10 个站点上空 GNSS-PWV 时间序列,分析了台风期间的两次 PWV 上升规律和气温、气压之间的关系,通过气温和气压解释了 PWV 演变过程,同时还研究了"山竹"台风的移动路径与水汽的移动规律之间的关系。

一、数据来源和 GNSS-PWV 精度分析

为了分析"山竹"台风登陆中国香港地区后,地区的 PWV、降水、温度和气压的变化特征,以及它们之间的相关性。本实验使用了在中国香港区域内的 CORS 站、探空站、测雨站和风速观测站等观测值,具体数据集包含如下:

(1) 采样间隔为 30 s 的 GNSS 观测值来自中国香港地区的 10 个 GNSS 卫星定位参考站,采样间隔为 1 min 的温度和气压观测值来自 GNSS 参考站配备的气象传感器;

(2) 采用 IGS 提供的时间分辨率分别为 15 min 和 30 s 的超快速轨道和钟差产品(IGU);

(3) 怀俄明大学大气科学系提供的 12 h 时间分辨率的中国香港探空站数据,用于检验 GNSS-PWV 的精度;

(4) 美国国家海洋和大气管理局提供的时间分辨率为 30 min 的地面风速资料(站点编号:45007099999);

(5) 中国香港天文台提供的时间分辨率为 1 h 的降雨量;

(6) IGS 提供的时间分辨率为 5 min 的 IGS-ZTD 后处理产品,用于 GNSS-ZTD 精度验证;

(7) ECMWF 提供的 ERA5 气压分层格网产品,水平分辨率为 $0.25° \times 0.25°$,时间分辨率为 12 h,用于研究台风在海洋期间的 PWV 时空变化;

(8) 每日平均风速、气压、温度及降雨量均来自中国香港天文台提供的自动气象站,用以描述"山竹"台风登陆中国香港前后的整体天气情况。

图 6-1 为本实验中的中国香港测风站、雨量计站、CORS 站、探空站和自动气象站空间分布。

上述数据集的观测时间均为 2018 年 9 月。其中数据集(1)～(7)时间为 2018 年 9 月 7 日—25 日,数据集(8)覆盖全月,数据处理策略与上节实验中的处理策略保持一致。使用的 GNSS 卫星轨道和钟差产品为 IGS 提供的 IGU(超快速预报)产品,该产品反演的 ZTD 记为 GNSS-ZTD。此外,本次研究的时间系统均使用中国香港当地时间,比世界时(UTC)早 8 h。

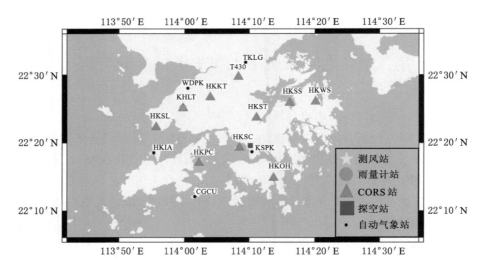

图 6-1　中国香港测风站、雨量计站、CORS 站、探空站和自动气象站空间分布

　　为保证地基 GNSS-ZTD 和转换的 PWV 精度能够满足应用气象研究要求,在上述 ZTD/PWV 产品生成后,需要对其精度进行检校。其中本实验区域的两个站点(HKWS 和 HKSL)在 IGS 连续观测跟踪站列表中,因此上述两站点的 GNSS-ZTD 被用于检验 ZTD 精度。图 6-2 为 HKSL 和 HKWS 站点 IGS-ZTD 和 GNSS-ZTD 时间序列以及两者的偏差序列。

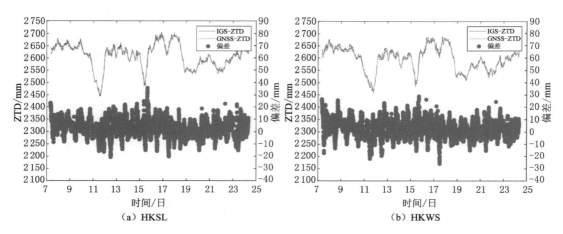

图 6-2　2018 年 9 月 7 日至 25 日 IGS-ZTD、GNSS-ZTD 时间序列及其两者偏差序列

　　图 6-2 显示,IGS-ZTD 和 GNSS-ZTD 序列变化保持一致,无明显偏差。表 6-1 列出了图 6-2 两站点 GNSS-ZTD 时间序列的统计结果。两个站点的 GNSS-ZTD 时间序列相较于 IGS-ZTD,平均 BIAS、STD 和 RMS 分别为 2.7 mm、6.9 mm 和 7.5 mm,表明 GNSS-ZTD 的精度优于 8 mm。应用于数值天气预报模型对 ZTD 输入精度要求的阈值应优于 15 mm[53],因此解算的 GNSS-ZTD 精度已满足用于数值天气预报研究要求。

表 6-1　GNSS-ZTD 与 IGS-ZTD 对比结果

站点	BIAS/mm	STD/mm	RMS/mm
HKSL	2.5	7.1	7.6
HKWS	2.9	6.8	7.4
平均值	2.7	6.9	7.5

使用 GNSS 站点上的气象观测值,将 GNSS-ZTD 转换的 PWV,记为 GNSS-PWV。为了评估 GNSS-PWV 精度,本实验选择了距离该探空站点最近的 HKSC 站点 GNSS-PWV 与探空站反演的 PWV 进行比较。图 6-3 为 9 月 7 日至 9 月 27 日 GNSS-PWV 和 RS-PWV 的时间序列和对比统计结果。

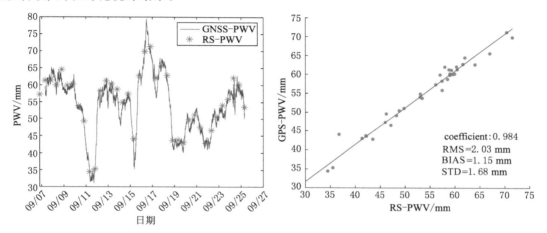

图 6-3　GNSS-PWV 和 RS-PWV 时间序列和对比统计结果

图 6-3 中,GNSS-PWV 与 RS-PWV 保持很好的一致性。统计结果显示,GNSS-PWV 与 RS-PWV 之间的差异较小,其 BIAS、RMS 和 STD 分别为 0.86 mm、1.76 mm 和 1.54 mm,相关系数达到 0.998,该结果与国际同行公布的 PWV 准确度基本相同[53],能够满足本实验对 PWV 精度要求。

二、实验背景

超级台风"山竹"是 2018 年在太平洋台风季期第 22 个被命名的热带气旋,同时也是该年在所有海洋盆地中强度最高的热带气旋。据统计,本次台风"山竹"对中国香港的破坏性已突破往年记录,受伤人群达到 458 人以上,6 万多棵树木倒塌,空中有多处建筑物受损倒塌,供水困难,4 千多家用户供电持续中断,近 13 500 户断电时间超过 24 h,部分区域断电时长超过 4 天。另外,台风"山竹"引起的巨浪造成百余船只搁浅、沉没或损毁,中国香港当天的海陆空交通全部瘫痪,道路因树木倒塌、浸水而封闭。在历年中国香港遭受的台风中,"山竹"的破坏程度已属历年前列。"山竹"作为中国香港历史台风中破坏力最强大的台风之一,本小节主要介绍山竹在港期间的活动及其引起的大气变化,介绍台风来临前后的天气变化。

2018 年 9 月 7 日 20 时,台风"山竹"最初在西北太平洋洋面上逐步形成,并迅速向西移动,在接下来的几天里逐渐加强,于 9 月 11 日发展为超级台风。14 日 8 时中国香港天文台发出 1 号戒备信号,位于北纬 15.9°东经 127.0°的超强台风以每小时 240 km 风速向中国香港方向袭来。其中心附近的最高持续风力达到 250 km/h,远超 2017 年"天鸽"台风(185 km/h)。9 月 15 日 16:20 天文台发出 3 号强风信号,自 16 日 01 时 10 分至 17 日 04 时 45 分,天文台多次发出 8 号/9 号/10 号等不同等级台风信号以及黄色和红色暴雨实时警告。从 16 日上午 1 时开始,山竹开始集结在中国香港东南处约 410 km 附近,预计将以东北方向 63 km/h 以上的风速袭击中国香港,直到 16:50 分台风在广东台山附近登陆,并逐渐远离中国香港,22 时开始取消黄色暴雨警告。图 6-4 为台风"山竹"的移动路径。

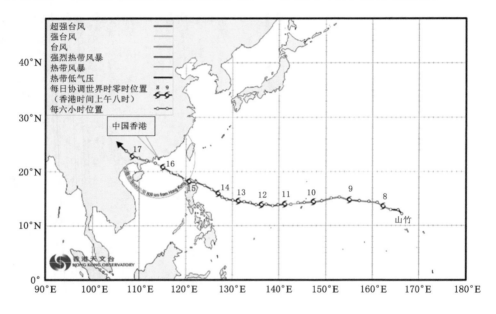

图 6-4 2018 年 9 月 7 日至 17 日"山竹"台风移动路径

据中国香港天文台数据分析显示,"山竹"风力在以往十号风球中风速远高于近年的台风"约克""韦森特"及"天鸽",其中在横澜岛及长洲岛测得的最高平均风速分别为 161 km/h 及 157 km/h,均是该站历来的第二最高风速。"山竹"来袭之前,14 日风速处于较低水平,日平均风速为 10~20 km/h,天气晴朗。自 14 日开始,风力不断加强,其中 15 日至 16 日风力提高了约 60 km/h,16 日气象站测得的日平均风速超过 90 km/h,远高于 9 月份其他时期的风速,之后又开始急速下降,18 日回到正常水平。图 6-5 为中国香港 9 月份期间包含风力监测设备的气象站点测得的日平均风速。

气压方面的资料显示,14 日"山竹"接近中国香港时气压开始逐渐降低,15 日迅速下降直到 16 日抵达境内,其日平均气压达到本月最低 988.8 hPa。之后随着台风出境,气压开始逐渐升高,直到 18 日恢复到正常水平。图 6-6 为 9 月中国香港气象站观测的日平均气压。

温度方面的资料显示,"山竹"来临前(13 日)中国香港地面日平均温度处于 26~28 ℃之间,随着山竹开始逐渐接近境内,期间温度不断上升,直到 15 日达到最高,各气象站观测的本月最高日平均温度达 30~32 ℃。其中天文台站当天测得气温最高飙升至 35.1 ℃,为

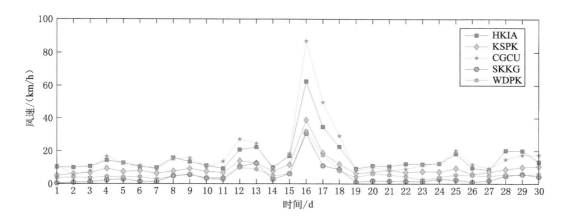

图 6-5　9 月各气象站日平均风速

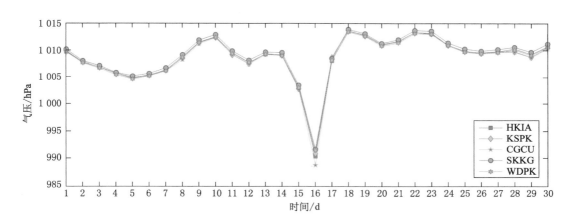

图 6-6　9 月各气象站日平均气压

有史以来记录的 9 月第二高温。16 日台风"山竹"引起了强降雨,日气温突降至 25～27 ℃,天文台站气温降至本月最低 23.6 ℃。之后随着"山竹"出境,温度缓慢提升,直到 18 日又恢复到 26～28 ℃。图 6-7 为 9 月中国香港各气象站日平均温度。

降雨方面的资料显示,"山竹"袭港当日,其引发的风暴潮使得多处区域水位异常升高,16 日下午维港鲗鱼涌的潮位最高升至 3.88 m(海图基准面以上),其水位高度仅次于 1962 年台风"温黛"袭港期间的最高纪录 3.96 m。此外,"山竹"在鲗鱼涌引发的最高风暴潮(天文潮位以上)为 2.35 m,打破了 1962 年"温黛"所创下 1.77 m 的记录,成为有记录以来的最高值。各地含有降雨器的气象站记录的降雨量普遍高于 150 mm,对比 2017 年台风"天鸽"当日多出近 100 mm,部分地区雨量超过 200 mm。中国香港天文台当日降雨器测得 167.5 mm 的雨量,其降雨量接近于 9 月总降雨量的一半。17 日随着"山竹"远离,天气逐渐趋于缓和,但受到"山竹"外围雨影响,仍有短暂的暴雨出现。之后副热带高压脊向西延伸,18 日早晨出现个别小雨后天气转晴,并维持晴朗炎热天气,图 6-8 为 9 月各气象站测得的日平均降雨量。

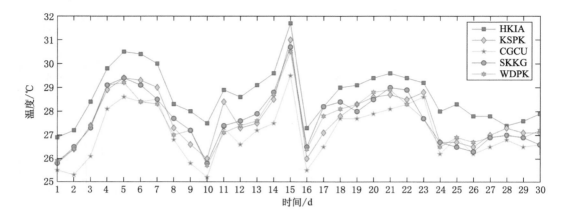

图 6-7　9 月各气象站日平均温度

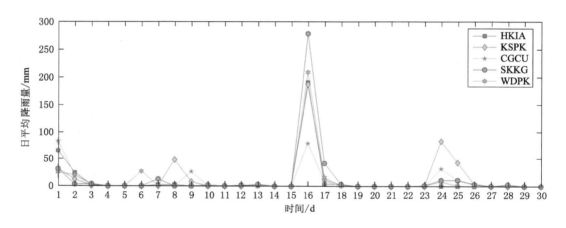

图 6-8　9 月各气象站日平均降雨量

三、中国香港区域的风速、温度、气压、降雨和 PWV 变化特征

台风通常伴随着强风和大量的水汽,将引起路径上的空间大气环境急剧变化。为了研究台风与区域大气参数之间的关系,本节主要讨论台风"山竹"登陆后,风速、温度、气压、降水和 PWV 等主要大气要素的变化。图 6-9 为 2018 年 9 月 7 日至 25 日中国香港区域内的10 个 GNSS 站点上空的 PWV 时间序列,时间分辨率为 3 min。由该图可知,在"山竹"离开中国香港前,PWV 共经历了 2 次明显的上升过程。第二次的增长时间点出现在"山竹"开始接近中国香港时刻,PWV 经历 10 余个小时增长后达到最大,此时的"山竹"距离中国香港最近。

水汽的变化主要受两个因素的主导:一是与蒸发和冷凝等有关的水汽热力学过程;另一是与全球或区域大气运动相关的水汽动力学过程。水汽热力学过程主要涉及水汽汽化和液化的状态转换过程,该过程与大气内部环境的气温和气压等大气要素有关。图 6-10 显示了 2018 年 9 月 15 日至 18 日的四天时间内 HKSL 站点的 GNSS-PWV(蓝色)、温度(绿色)和气压(红色)时间序列,时间分辨率分别为 3 min、1 min 和 1 min。

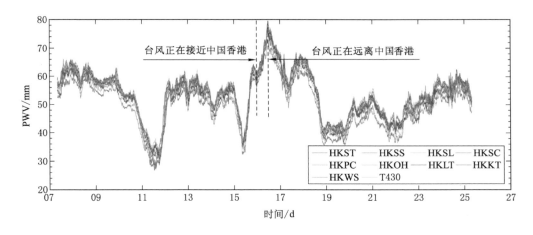

图 6-9　GNSS 站点 PWV 时间序列

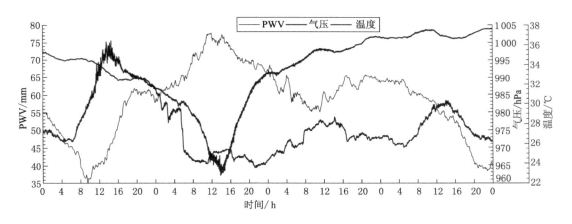

图 6-10　HKSL 站点 GNSS-PWV、温度和气压的时间序列

图 6-10 显示,台风"山竹"离开中国香港前,PWV 经历了两次增长过程:第一次增长过程发生在 15 日,从 35.0 mm(约 9:30)上升至 61.8 mm(约 19:30),之后保持几个小时的稳定水平后略有下降。第二次增加过程发生在 16 日,从 57.9 mm(约 00:30)增加到 77.8 mm(约 12:00),远高于其日均值。在第一次 PWV 增长过程中,中国香港天文台提供的气象资料显示当地未发生降水事件。此外,图 6-10 显示,在第一次 PWV 增长过程开始时刻(约 9:30)为早午时分,地表温度随着太阳高度角增加,吸收的太阳辐射热量持续增加。因此,地表和大气低层液态水通过受热转换为气态而向上运动进入大气中,由于水汽的密度小于空气,温暖的水汽四处膨胀,因此能够在图中看出气压呈现减小趋势。直到 15 日 14 时左右气温升至 35.9 ℃后,太阳高度角逐渐减小,气温开始下降,PWV 开始升高,而气压开始下降,这一趋势持续了几个小时。由于液态水吸收热量转化为气态水需要一定的时间,因此水汽和气压的变化一般滞后于温度的变化。随着台风的接近(图 6-4 及图 6-9),HKSL 站与台风中心附近之间的距离逐渐减少,HKSL 站从位于台风外围变成位于台风内部。图 6-10 中的PWV 上升和气压下降趋势表明,与台风外围的对应区域相比,距离台风内部越近,PWV 越

高,气压越低,该结果与台风的水汽分布特征是一致的。

由于台风带来大量的水汽进入中国香港,该地区出现了长时间的强降水事件。图 6-11 为 2018 年 9 月 15 日至 18 日期间,HKLT 站的 GNSS-PWV 和附近雨量计站测得的小时降雨量。

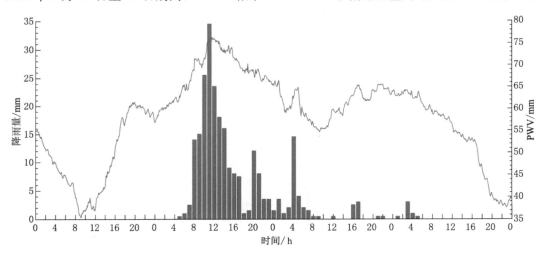

图 6-11　HKLT 站的 GNSS-PWV 和附近雨量计站测得的小时降雨量

目前大多数的研究结果表明,降水要么发生在 PWV 达到峰值时,要么发生在 PWV 急剧下降后的初始阶段[198-200]。然而,由于台风提供了充足的水汽,能够加速台风覆盖区域内的水汽达到饱和状态,易于降水事件的形成。一旦该区域无法容纳更多的水汽,内部的水汽难以在短时间内得到及时释放。在上述情况下,气态水将逐渐转变为液态水。此外,图中显示当接近台风中心附近时,由于台风中心附近水汽更加充沛,与外围地区相比,台风中心附近过多的水汽转化为降雨,因此可知区域 PWV 达到最大值时降水将同时达到最大值。

风速是描述台风事件强度的一个重要指标,根据台风中心附近的最大持续地面风速,台风可分为不同的等级。在台风的不同半径范围区域内,风圈等级也由风圈内风速大小决定。图 6-12 为一典型台风的风圈半径(也称最大风圈半径),其中风圈级别越高,风圈半径越小,对应范围内的风速越大,更加接近风圈中心附近区域;反之,风圈级别越低,风圈半径

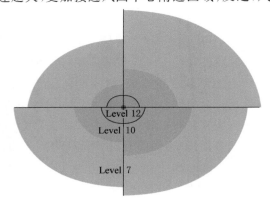

图 6-12　一个典型台风的风圈结构

越大,对应范围内的风速越小,远离风圈中心附近区域。图 6-13 为 2018 年 9 月 15 日至 18
日期间,中国香港 HKSL 站点 GNSS-PWV 和附近测风站(图 6-1)的风速时间序列。

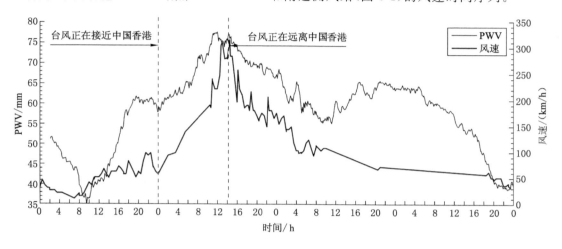

图 6-13　HKSL 站点 GNSS-PWV 和附近测风站的风速时间序列

图 6-13 显示了在 15 日随着台风的临近,风速正以较小波动的趋势增长;第二日,风速
由凌晨时分 57 km/h 迅速增加到下午 2 点的 309 km/h,且随着台风的远离开始迅速下降,
该趋势与 PWV 时间序列保持一致。两者时间序列在台风期间的皮尔逊相关系数为 0.76,
在无台风天气条件下两者的相关系数为 0.11,台风天气下两者具有显著的正相关关系。该
系数值表明,在台风期间,区域的水汽变化主要受大气动力过程的影响,强风为水汽的输送
提供了便捷通道。

四、台风"山竹"的水汽运移规律

上一小节阐述了台风"山竹"来临前后的 PWV 等大气参数的时序特征,为了进一步分
析台风的水汽空间分布和输送规律,本小节将分析在"山竹"台风路径上水汽的空间结构和
分布特征。图 6-14 为台风"山竹"初步形成至消亡的台风路径以及利用 ERA5 数据计算的
其周围的 ERA5-PWV 分布,时间为 2018 年 9 月 7 日 8 时至 9 月 18 日 20 时(由左至右,由
上至下),时间间隔为 12 h。

图 6-14 中的 PWV 空间分布显示,台风"山竹"由东南方向向西北方向移动过程中,形
成了与台风风圈类似的水汽圈结构,其中心区域水汽含量要高于外围结构。同时,台风的
水汽圈移动方向和真实台风移动方向是一致的,水汽圈中心和台风路径中心位置基本一
致。台风"山竹"在海洋区域运动的过程中,内部的水汽含量不断增加,其中心区域附近的
PWV 由 60 多毫米增长至 80 多毫米,直到开始登陆陆地地区后,台风内部的水汽注入该地
区中。同时,随着降雨的形成,台风内部的水汽丧失,水汽圈的结构被破坏,内部 PWV 不断
减少,台风逐渐走向消亡。

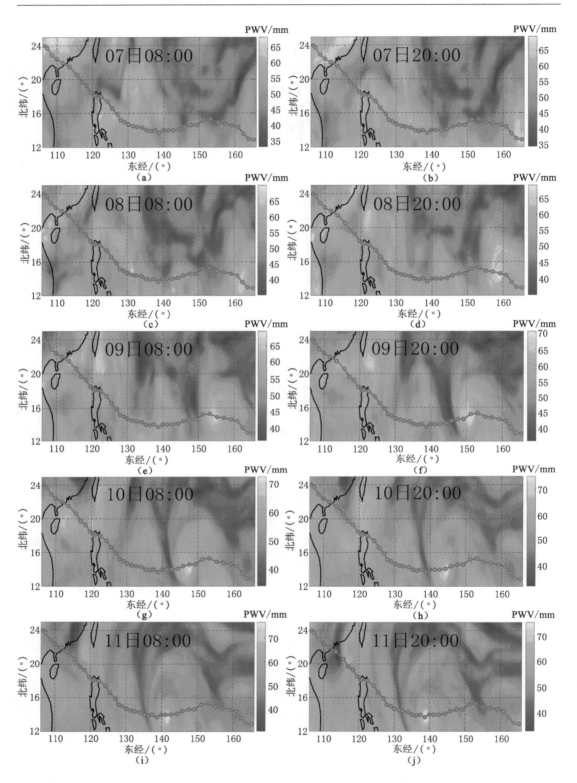

图 6-14 2018 年 9 月 7 日 8 时至 9 月 18 日 20 时台风"山竹"路径及其 ERA5-PWV 空间分布

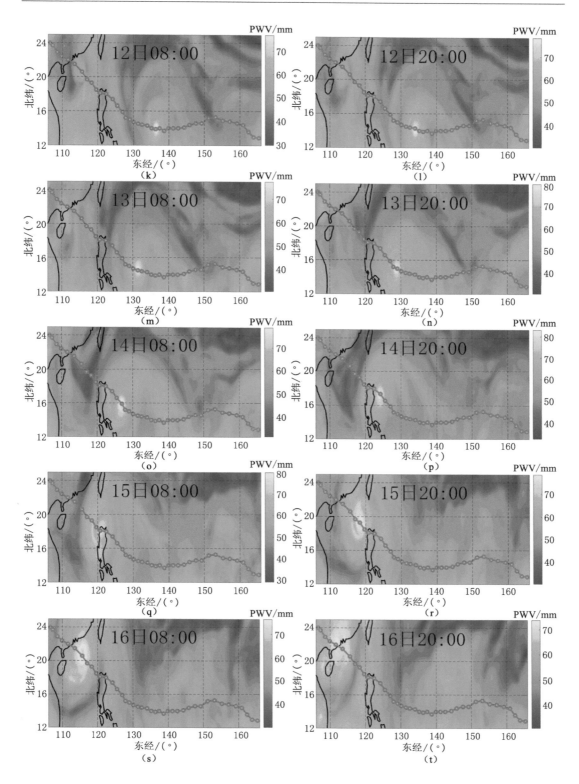

图 6-14 （续）

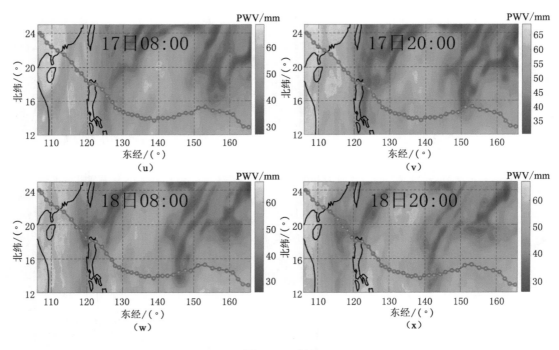

图 6-14 （续）

由图 6-14 的结果可知,中国香港区域的 PWV 增长主要来源于"山竹"台风提供的动力条件。为了进一步研究台风开始登陆后中国香港区域的 PWV 空间变化特征,本书使用 10 个 GNSS 观测站的 GNSS-PWV 数据和空间 Kriging 插值方法得到了整个区域的 PWV 二维分布图,该结果的精度也通过交叉验证法进行评估,其 RMS 误差约为 1.5 mm。图 6-15 为 2018 年 9 月 16 日零时台风"山竹"开始登陆前中国香港区域 PWV 空间分布。

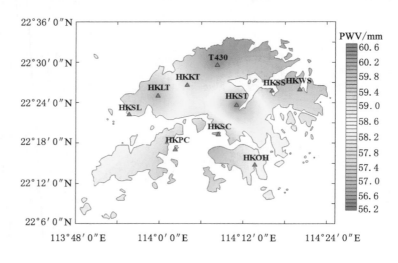

图 6-15 中国香港区域 PWV 空间分布

由图 6-15 可知,"山竹"来临前的中国香港区域 PWV 空间分布不均匀,各地差异明显,这些差异主要是由当地温度、气压和地形等自然条件的差异引起的。其中,HKST 附近的 PWV 明显小于其他地区,主要是由于该站点的海拔高度显著高于其他 9 个 GNSS 站近 200 m。而在一般情况下,PWV 具有随海拔高度[201]的增加而减小的趋势。在受到"山竹"台风的影响后,区域的 PWV 主要包括原有部分和台风带入的增量部分,根据台风登陆后的 PWV 减去开始登陆时刻的 PWV 即可求得台风引起的 PWV 增量(IPWV)。图 6-16 为 2018 年 9 月 16 日 2 时—8 时台风登陆后中国香港区域的 IPWV 分布。

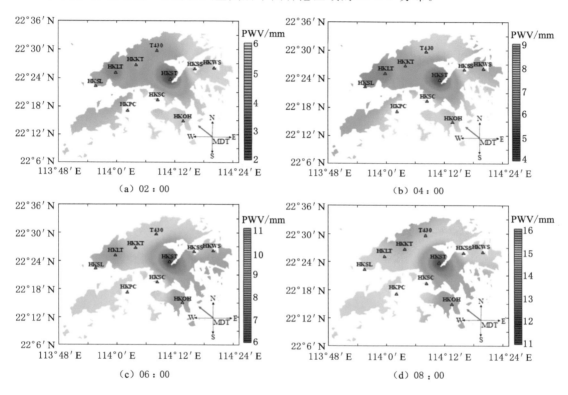

图 6-16　2018 年 9 月 16 日 2 时—8 时中国香港区域 PWV 增量(IPWV)分布
(红色箭头表示台风的大致移动方向)

由图 6-16(a)至图 6-16 (b)可知,台风"山竹"开始登陆后,注入的水汽使得区域 PWV 不断升高。在前 2~4 h,东南方向的 IPWV 值明显高于西北方向,指明了台风开始从东南方向开始输送水汽。随着台风的移动,图 6-16(c)和图 6-16(d)显示西北区域的 PWV 增量逐渐高于东南方向,即水汽具有往西北方向移动的趋势。对比台风和 PWV 的移动趋势可知,PWV 的空间变化能指代台风的移动方向,该结果在文献[202,203]中提及的一些台风案例具有相似的结论。此外,图 6-16(a)至图 6-16(d)显示了 HKST 站处存在一个小圆圈,表示 IPWV 的局部最小值。分析其原因可能是当台风经过观测站附近的山区时,高山等海拔地形对于台风具有显著的阻塞效应[204,205]。台风经过该区域时,内部的结构被破坏,台风底部的水汽绕过海拔较高的山地向四周海拔较低的平面移动。

第三节　利用高时空分辨率水汽资料监测台风运动

由第三节的"山竹"台风案例可知,当台风临近时,进入台风影响范围内的 PWV 时序特征表现为突然的增长,当距离台风中心最近时,台风开始远离,PWV 将呈现急剧的下降。通过台风的移动路径和水汽的移动路径可知,两者保持高度一致。因此,该结果表明利用水汽的移动特征能够表征台风的运动。本节将介绍一种基于水汽达到时间差的台风运动模型用于估计台风的移动,分别使用海洋区域的 ERA5-PWV 和中国香港地区的 GNSS-PWV 数据验证了该方法的有效性。

一、台风运动模型和 PWV 的特征点

根据第二节,当台风临近或远离时,对应站点的 PWV 将出现显著增长或下降特征点(图 6-9)。由于 GNSS 站点之间存在位置差异,因此台风经过多个路径上的站点时,台风引起的各 PWV 异常变化特征点必然存在一定时间差。由于 GNSS 站点分布不均匀,在台风路径上大部分位于海洋地区。因此,本实验将 ERA5 格网点作为虚拟 GNSS 站点研究台风的运动模型。图 6-17 为选取的台风"山竹"中心路径及其附近的 ERA5 格网点位置。

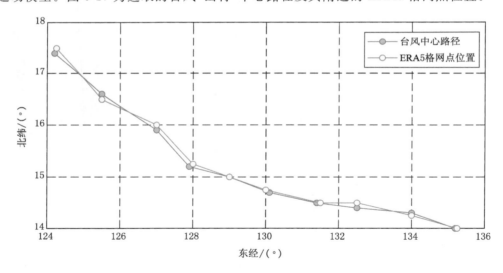

图 6-17　台风"山竹"中心路径及其附近的 ERA5 格网点位置

在图 6-17 中,ERA5 格网点与台风中心路径接近重合,通过计算台风经过前后格网点的 PWV 时间序列,可了解"山竹"来临时路径上的 PWV 特征点。图 6-18 为 2018 年 9 月 11日至 9 月 17 日(7 天)上述 10 个 ERA5 格网点的 PWV 时间序列。

由图 6-18 可知,各个格网点处的 ERA5-PWV 时间序列变化非常相似,但存在相关的时间偏移。两条红线分别指代台风接近和远离时刻,PWV 分别处于极小值的增长点和极大值下降点。自下而上,台风最先接近的站点最早出现上述特征点,两条红线的斜率分别反映了台风临近时刻和远离时刻水汽的平均扩散速度。其中台风接近时刻的斜率大于台

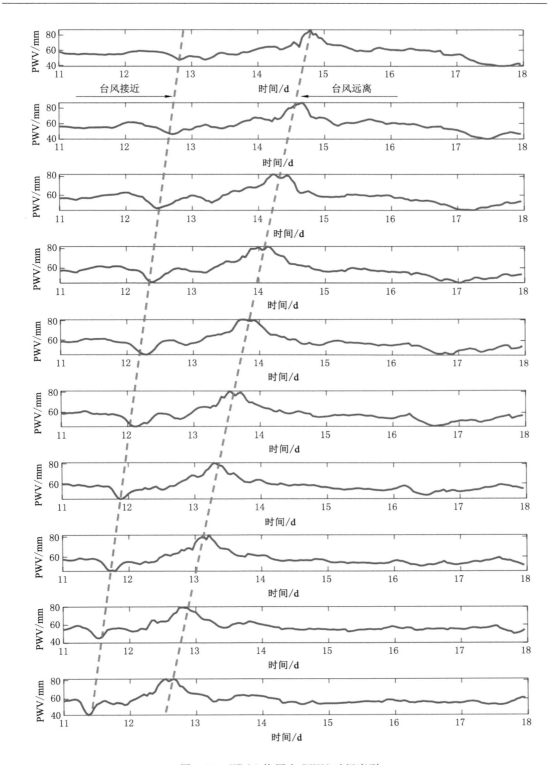

图 6-18 ERA5 格网点 PWV 时间序列

风远离时刻的斜率,表明台风在此过程中可能受到阻力的影响,移动速度减小或风圈半径衰减。

以假定的 4 个台风侵入中国香港区域为例,当台风正在靠近中国香港区域的 GNSS 站点时,台风和各站点之间的几何关系见图 6-19。

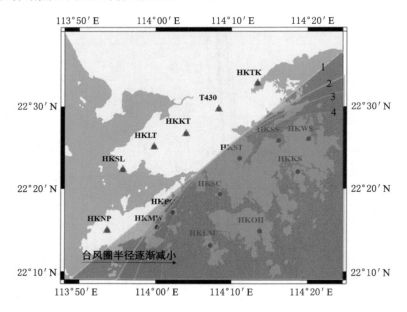

图 6-19　假定的 4 个台风接近中国香港时的风圈半径和站点位置

在图 6-19 中,台风 1、2、3、4 的半径依次减小。如果台风的半径远远大于两个相邻的 GNSS 站点之间的距离(第一种台风情况),则台风的边缘可以视为一条直线,其运动状态可简化为图 6-20(a);当 GNSS 站点之间的距离相对于台风圈半径不可忽略时,上述过程可用图 6-20(b)表示。

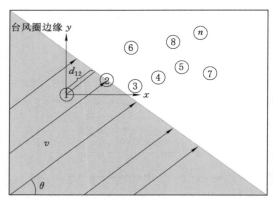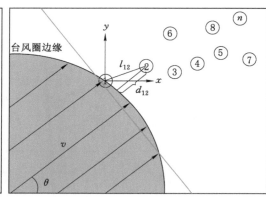

(a)当风圈半径远大于站点距离　　　　(b)当风圈半径非远大于站点距离

图 6-20　不同风圈半径的台风接近 GNSS 站点的运动模型

在图 6-20 中,红色区域和蓝色小圈分别代表台风圈和 GNSS 站点,编号代表台风到达的先后次序。当台风的边缘到达第 1 个站点时,该站点上的 PWV 值开始增长(图 6-18)。将该时刻称为 PWV 到达时间,随着台风的运动,由于各站点的几何位置差异,各站点之间存在 PWV 到达时间差。以第 1 个站点作为原点,北方向和东方向分别为 x 轴和 y 轴建立独立平面直角坐标系。在图 6-20(b)中,当台风开始以速度 v 和方向角 θ 从 1 号站向 2 号站移动时,台风经过 d_{12} 的距离到达 2 号站点。当满足图 6-20(a)条件时,台风的边缘和移动方向相互垂直,通过两站点几何关系即可求得 d_{12}。在许多情况下,由于 GNSS 站点分布稀疏或台风风圈较小,上述条件在部分情况下难以满足。图 6-20(a)为图 6-20(b)的特例,以图 6-20(b)中的情况证明台风的运动模型。

当两站点的方位角 θ_{12} 接近 θ 或 $180°+\theta$ 时,d_{12} 近似等于 l_{12}。因此,对于任意的第 i 号站点和 j 号站点($i<j$),两者的方位角 θ_{ij} 可用下式表示:

$$\theta_{ij} = \arctan(\frac{y_j - y_i}{x_j - x_i}) \tag{6-1}$$

式中　(x_i, y_i)——第 i 号站点坐标;

　　　(x_j, y_j)——第 j 号站点坐标。

当 θ_{ij} 和 θ 两者差距非常小时,第 j 站点至 i 站点所在风圈边缘的距离 d_{ij} 可用下式表示:

$$d_{ij} \approx l_{ij} \cdot \cos(\theta - \theta_{ij}) = \cos(\theta - \theta_{ij}) \sqrt{(x_i - x_j)^2 + (y_i - y_j)^2} \tag{6-2}$$

设台风的 PWV 在 i 和 j 号站点的到达时间差为 Δt_{ij},则有台风在两站点之间的移动速度 v_{ij} 可用下式表示:

$$v_{ij} = \frac{d_{ij}}{\Delta t_{ij}} \tag{6-3}$$

当台风保持恒定运动速度 v 和方向角 θ 的状态下,则有:

$$d_{ij} = v\Delta t_{ij} = \cos(\theta - \theta_{ij})l_{ij} \tag{6-4}$$

式中　v——待求的台风移动速度;

　　　θ——待求的台风移动方向角。

设第 k 组观测值中,$\Delta t_{ij} = t_k$、$\theta t_{ij} = t_k$、$\theta_{ij} = l_k$,则有如下观测值方程成立:

$$L_k(v,\theta) = \frac{vt_k}{\cos(\theta - \theta_k)}, k = 1, 2, \cdots, n \tag{6-5}$$

式中　n——式(6-4)观测值总数量。

令残差项 $r_k = l_k - L_k(v,\theta)$,将式(6-5)进行一阶泰勒公式展开,则有:

$$l_k \approx L_k(v_0^m, \theta_0^m) + \frac{\partial L_m(v,\theta)}{\partial a}\Big|_{v=v_0^m, \theta=\theta_0^m}(v - v_0^m) + \frac{\partial L_m(v,\theta)}{\partial \theta}\Big|_{v=v_0^m, \theta=\theta_0^m}(\theta - \theta_0^m) \tag{6-6}$$

式中　v_0^m——参数 v 第 m 次迭代值;

　　　θ_0^m——参数 θ 第 m 次迭代值。

r_k 用矩阵形式 $\boldsymbol{r}$ 表示:

$$\boldsymbol{r} = \boldsymbol{A\beta} \tag{6-7}$$

式中　$\boldsymbol{A}$——$\boldsymbol{L}(v,\theta)$ 的 Jacobian 矩阵。

对于第 m 次迭代 $\boldsymbol{A}^m$ 和 $\boldsymbol{\beta}^m$ 的表达式如下:

$$\begin{cases} \boldsymbol{A}^m = \begin{bmatrix} \dfrac{t_1}{\cos(\theta_0^m - \theta_1)} & \dfrac{\sin(\theta_0^m - \theta_1)v_0^m t_1}{\cos^2(\theta_0^m - \theta_1)} \\[2mm] \dfrac{t_2}{\cos(\theta_0^m - \theta_2)} & \dfrac{\sin(\theta_0^m - \theta_2)v_0^m t_2}{\cos^2(\theta_0^m - \theta_2)} \\[1mm] \vdots & \vdots \\[1mm] \dfrac{t_n}{\cos(\theta_0^m - \theta_n)} & \dfrac{\sin(\theta_0^m - \theta_n)v_0^m t_n}{\cos^2(\theta_0^m - \theta_n)} \end{bmatrix} \\[2mm] \boldsymbol{\beta}^m = \begin{bmatrix} v - v_0^m \\ \theta - \theta_0^m \end{bmatrix} \end{cases} \tag{6-8}$$

由于 v 和 θ 均为未知的待估参数,该方程可用最小二乘法直接求解(当存在多余观测值):

$$\boldsymbol{q} = [\boldsymbol{A}^{\mathrm{T}}\boldsymbol{A}]^{-1}\boldsymbol{A}^{\mathrm{T}}\boldsymbol{r} \tag{6-9}$$

令 q^m 为上述方程的第 m 次迭代结果,因此,可利用下式即可计算第 $m+1$ 次的迭代更新结果:

$$\begin{bmatrix} v_0^{m+1} \\ \theta_0^{m+1} \end{bmatrix} = \begin{bmatrix} v_0^m \\ \theta_0^m \end{bmatrix} + q^m \tag{6-10}$$

将上述方程的更新结果代入式(6-6)中并重复上述过程,当 q 值小于预设的阈值或 $r^{k+1} - r^k$ 可忽略不计时,即可求得最终的结果。

上述过程为当台风临近时计算台风运动的方法,当台风中心距离站点最近时,此时的 PWV 达到最大,台风开始远离该站点。在该过程中,台风和站点之间的几何关系可用图 6-21 表示。

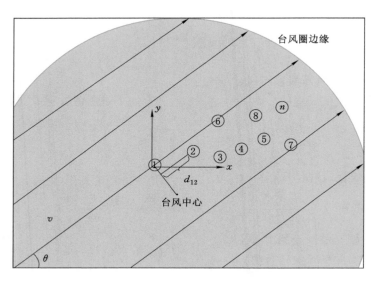

图 6-21 台风开始远离 GNSS 站点的运动模型

图 6-21 中,坐标系统建立方式与图 6-20 一致,1 号站点此时最接近台风中心,此时该站

点处的 PWV 达到最大。在向 2 号站点移动过程中,台风移动的距离为 d_{12}。根据站点距离最近时和台风中心连线垂直于台风方向的几何关系,即有 $d_{12} = l_{12} \cdot \cos(\theta - \theta_{12})$,对于任意的站点 i 和 $j(j < i)$,即有下式成立。

$$d_{ij} = l_{ij} \cdot \cos(\theta - \theta_{ij}) = \cos(\theta - \theta_{ij}) \sqrt{(x_i - x_j)^2 + (y_i - y_j)^2} \qquad (6\text{-}11)$$

余下步骤与台风临近时计算到达各站点的移动速度方法类似,当该台风经过这些站点时保持恒定的速度和方向时,通过式(6-3)至式(6-10)即可计算台风远离时刻的移动速度,因此不再重复阐述。

二、台风运动模型的修正

在上节中,在台风临近和远离过程中,以 PWV 的持续上升和下降作为该过程的标志点。根据台风运动过程的姿态和站点位置关系,利用多个站点的 PWV 到达时间差建立了台风的移动速度估计模型。然而,在大多数的情况下,台风的强度和动力通常会发生变化,例如台风吸收海洋面蒸发的水汽引起的台风强度增加或受到大气及地形阻力影响而削弱。因此,为了更加客观评价台风的运动过程,引入加速度系数对台风的运动模型进行修正。

因此,假设台风经过或离开 1 号站点的速度为初始速度 v,式(6-4)修正为:

$$d_{ij} = v_i \Delta t_{ij} + \frac{1}{2} a \Delta t_{ij}^2 = (v + a \Delta t_{i1}) \Delta t_{ij} + \frac{1}{2} a \Delta t_{ij}^2$$

$$= v \Delta t_{ij} + a \left(\frac{1}{2} \Delta t_{ij}^2 + \Delta t_{i1} \Delta t_{ij} \right) = \cos(\theta - \theta_{ij}) l_{ij} \qquad (6\text{-}12)$$

式中　v_i——台风经过或离开第 i 号站点速度;

　　　Δt_{i1}——第 i 号站和 1 号站点的 PWV 到达时间差。

在式(6-12)中,v、θ 和 a 均为未知的待估参数,令 $\Delta t_{ij} = t_{k1}$,$\Delta t_{i1} = t_{k2}$,$\theta_{ij} = \theta_k$,$l_{ij} = l_k$,则有第 k 组观测方程:

$$L_k(v, \theta, a) = \frac{v t_{k1} + a \left(\frac{1}{2} t_{k1}^2 + t_{k1} t_{k2} \right)}{\cos(\theta - \theta_k)}, k = 1, 2, \cdots, n \qquad (6\text{-}13)$$

式中　n——式(6-12)中的观测值总数。

残差项 r_k 可表示如下:

$$r_k = l_k - L_k(v, \theta, a) \qquad (6\text{-}14)$$

将式(6-13)进行线性化,使用一阶泰勒展开式:

$$l_k \approx L_m(v_0^m, \theta_0^m, a_0^m) + \frac{\partial L_m(v, \theta, a)}{\partial v} \bigg|_{\theta = \theta_0^m, a = a_0^m, v = v_0^m} (v - v_0^m) +$$

$$\frac{\partial L_m(v, \theta, a)}{\partial \theta} \bigg|_{\theta = \theta_0^m, a = a_0^m, v = v_0^m} (\theta - \theta_0^m) + \frac{\partial L_m(v, \theta, a)}{\partial a} \bigg|_{\theta = \theta_0^m, a = a_0^m, v = v_0^m} (a - a_0^m) \qquad (6\text{-}15)$$

式中　v_0^m——参数 v 的第 m 次迭代值;

　　　θ_0^m——参数 θ 的第 m 次迭代值;

　　　a_0^m——参数 a 的第 m 次迭代值。

同样地,残差项 r_k 矩阵形式中的夹克比矩阵 $\boldsymbol{A}^m$ 和 $\boldsymbol{\beta}^m$:

$$
\begin{cases}
\boldsymbol{A}^m = \begin{bmatrix}
\dfrac{t_{11}}{\cos(\theta_0^m - \theta_1)} & \dfrac{\sin(\theta_0^m - \theta_1)\left[v_0^m t_{11} + a_0^m\left(\dfrac{t_{11}^2}{2} + t_{11}t_{12}\right)\right]}{\cos^2(\theta_0^m - \theta_1)} & \dfrac{\dfrac{t_{11}^2}{2} + t_{11}t_{12}}{\cos(\theta_0^m - \theta_1)} \\[3ex]
\dfrac{t_{21}}{\cos(\theta_0^m - \theta_2)} & \dfrac{\sin(\theta_0^m - \theta_2)\left[v_0^m t_{21} + a_0^m\left(\dfrac{t_{21}^2}{2} + t_{21}t_{22}\right)\right]}{\cos^2(\theta_0^m - \theta_2)} & \dfrac{\dfrac{t_{21}^2}{2} + t_{21}t_{22}}{\cos(\theta_0^m - \theta_2)} \\[3ex]
\vdots & \vdots & \vdots \\[2ex]
\dfrac{t_{n1}}{\cos(\theta_0^m - \theta_n)} & \dfrac{\sin(\theta_0^m - \theta_n)\left[v_0^m t_{n1} + a_0^m\left(\dfrac{t_{n1}^2}{2} + t_{n1}t_{n2}\right)\right]}{\cos^2(\theta_0^m - \theta_n)} & \dfrac{\dfrac{t_{n1}^2}{2} + t_{n1}t_{n2}}{\cos(\theta_0^m - \theta_n)}
\end{bmatrix} \\[6ex]
\boldsymbol{\beta}^m = \begin{bmatrix} v - v_0^m \\ \theta - \theta_0^m \\ a - a_0^m \end{bmatrix}
\end{cases}
$$

$$(6\text{-}16)$$

利用最小二乘法即可解算第 m 次迭代后的更新量 $\boldsymbol{q}^m$，即有三个待求参数的估计结果：

$$
\begin{bmatrix} v_0^{m+1} \\ \theta_0^{m+1} \\ a_0^{m+1} \end{bmatrix} = \begin{bmatrix} v_0^m \\ \theta_0^m \\ a_0^m \end{bmatrix} + \boldsymbol{q}^m
$$

$$(6\text{-}17)$$

将上述方程的更新结果代入式（6-15）中并重复上述过程，当 q 值小于预设的阈值或 $r^{k+1} - r^k$ 可忽略不计时，即可求得最终的结果。

三、利用 ERA5-PWV 和 GNSS-PWV 验证台风运动模型

本实验主要以 2017 年和 2018 年在我国范围内出现的五次不同等级热带气旋（"苗柏"、"洛克"、"帕卡"、"卡努"和"山竹"）作为研究对象，使用 ERA5 提供的气象数据反演的 PWV 和中国香港地区的 GNSS 站点反演的 PWV 计算台风在海洋面和靠近陆地时的运动状态。其中 ERA5-PWV 来源于 ECMWF 的 ERA5 气压分层气象产品，时间为五次台风期间，水平分辨率为 $0.25° \times 0.25°$，时间分辨率为 1 h；GNSS-PWV 来自前文的五次台风中计算的中国香港区域 GNSS 站点上空的高时间分辨率 PWV 产品，站点分布位置如图 5-3 所示。

由于中国香港站点较为密集，因此采用 1 min 高时间分辨率的 PWV 资料能够更加详细反映台风来临的状态。ERA5 格网点分别选择位于台风路径的临近位置，其中对台风"山竹"路径选择的位置见图 6-17，另外四种台风路径上的 ERA5 格网点位置和路径见图 6-22。

当台风接近和离开各个 ERA5 格网点或 GNSS 站点时，携带的大量水汽引起 PWV 异常上升和下降（图 6-18），通过计算相邻站点的 PWV 到达时间差可计算对应时间内的平均移动速度。中国台风网公布了台风最佳路径结果，提供的台风移动速度可作为真值，对本实验中的台风运动模型结果进行检验。表 6-2 为使用上述台风运动模型（模型 1）和加速度修正模型（模型 2），由格网点 ERA5-PWV 时间差计算的台风接近和远离时刻的平均速度，以及中国台风网公布对应时间段的台风平均移动速度。

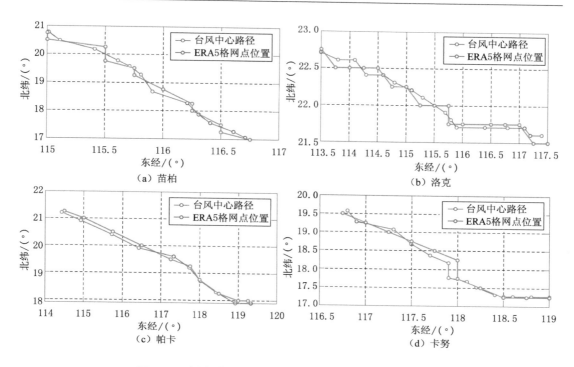

图 6-22　台风"苗柏"、"洛克"、"帕卡"和"卡努"的中心路径
和选择的附近 ERA5 格网点位置

表 6-2　利用 ERA5-PWV 计算的台风平均移动速度与中国台风网公布的对应时刻台风平均移动速度

台风	台风接近时刻			台风远离时刻		
	模型 1 台风移动速度/(km/h)	模型 2 台风移动速度/(km/h)	实际移动速度/(km/h)	模型 1 台风移动速度/(km/h)	模型 2 台风移动速度/(km/h)	实际移动速度/(km/h)
山竹	28.06	27.71	21.80	28.41	27.24	25.29
苗柏	21.72	20.71	18.67	13.11	14.71	19.73
洛克	23.68	22.18	20.08	25.45	22.89	22.14
帕卡	36.78	36.86	34.9	28.63	29.86	32.90
卡努	14.48	15.68	16.67	17.28	19.16	19.50

由表 6-2 结果可知,针对上述几种台风,利用 ERA5-PWV 计算的台风移动速度与官方公布的结果一致,两者绝对偏差小于 7 km/h,相对偏差小于 34%。模型 1 平均绝对偏差为 3.6 km/h,平均相对偏差为 16.6%;模型 2 的平均绝对偏差为 2.4 km/h,平均偏差为 10.7%。利用模型 1 计算了台风接近和远离时刻的平均绝对偏差,分别为 3.3 km/h 和 3.39 km/h,相对偏差分别为 16.3% 和 17.0%;利用模型 2 计算了台风接近和远离时刻的平均绝对偏差,分别为 2.6 km/h 和 2.2 km/h,相对偏差分别为 12.0% 和 9.5%。经过速度修正台风运动模型 2 的结果优于未引入加速度参数的模型 1 结果,进一步说明了台风的运动具有一定变速特点。由于 ERA5-PWV 时间分辨率较低,因此计算的各站点 PWV 时间

差精度有限。因此,本实验利用中国香港地区高时间分辨率的 GNSS-PWV 资料和模型 2 求解上述五种台风登陆中国香港时的移动速度,结果见表 6-3。

表 6-3 利用 GNSS-PWV 计算的台风平均移动速度与中国台风网公布的对应时刻台风平均移动速度

台风	台风接近时刻		
	模型 2 估计台风移动速度/(km/h)	实际移动速度/(km/h)	绝对偏差/(km/h)
山竹	29.1	31	1.9
苗柏	16.4	18	1.6
洛克	23.2	25	1.8
帕卡	32.6	38	5.4
卡努	17.3	20	2.7

表 6-3 结果显示,利用 GNSS-PWV 估计的台风移动速度对比真实结果,两者绝对偏差小于 6 km/h,相对偏差小于 15%,平均偏差为 2.6 km/h,平均绝对偏差为 9.9%。因此,上述结果表明利用 PWV 水汽产品能够有效地对台风的移动进行估计,尤其是使用高时间分辨率、实时的 GNSS-PWV 能够对台风的短临预报与预警提供关键信息。

第四节　本章小结

本章主要介绍了地基 GNSS 水汽产品在几种典型极端天气情况下的应用,主要以中国香港超级台风"山竹"为例,阐述了"山竹"在中国香港活动期间多种大气参数和水汽的时空变化特征。此外,还分析了"山竹"台风移动过程中,台风路径周围的 PWV 运移规律,发现了 PWV 的运移方向和台风的移动方向一致性规律。借此,本书提出了一种基于多站点 PWV 到达时间差算法来研究台风的移动,建立了台风临近和远离时刻的移动模型。通过使用台风路径周围的 ERA5-PWV 和台风登陆地区的 GNSS-PWV 时间序列,求解了台风经过这些站点时刻的速度,并与中国台风网官方发布的结果进行对比,两者的结果非常接近。上述的研究结果表明,GNSS 可为台风研究提供独立的补充方案。

第七章　结论与展望

第一节　结　　论

本书主要围绕地基 GNSS 水汽反演技术中关键参数的改正模型、数据处理系统以及水汽产品在极端天气中的应用开展了一系列的研究与分析。主要的研究内容与结论如下：

(1) 使用 2014—2018 年 ERA5 地表温度和气压再分析产品用于构建中国区域大气经验模型，讨论了 5 种模型形式建立的地表温度和气压经验模型的精度分布。5 种模型中，模型(1)仅考虑了气象参数的年变化和半年变化，模型(2)、(3)、(4)依次在上述模型顺序上综合考虑了参数的日变化、日变化振幅的季节变化和日变化相位的季节变化，模型(5)采用多个分时模型的拉格朗日插值结果。结果表明，模型(2)~(5)的地表温度精度远高于未考虑温度日变化的模型(1)，而气压日周期变化相较于温度不明显，因此模型(1)~(5)计算的气压差异较小；在精度空间分布上，模型(2)~(5)的温度和模型(1)~(5)的压强 RMS 随着纬度的升高而增大，而模型(1)的温度 RMS 在北纬 35°至北纬 40°附近最大并随高低纬两侧减小；模型(5)的气温和压强精度最高，与 ERA5 地表温度和气压对比，温度和压强的 MAE、STD 和 RMS 分别为 3.28 K、4.10 K、4.15 K 和 3.04 hPa、3.87 hPa、3.88 hPa。与探空站地表温度和气压对比，温度和压强的 MAE、STD 和 RMS 分别为 3.72 K、4.32 K、4.69 K 和 6.29 hPa、4.39 hPa、7.25 hPa。

(2) 针对气象数据的低时空分辨率问题，提出了一种基于 IAGA 改进的时空克里金模型改善气象数据的时空分辨率。比较了三种形式(可分离式、和度量以及积和式)的时空 Kriging 模型的拟合精度，和度量模型与积和模型对气温与气压的时空变异函数拟合程度最佳。以中国香港地区 1 h 分辨率的 ERA5 格网点气温和气压作为基础输入数据，1 min 时间分辨率的实测气象观测值作为真值检核模型精度，分别与时空约减法、GPT3 模型和真值对比。结果表明 IAGA-Kriging 模型的精度最高，其中温度和气压的平均 BIAS、RMS 分别为 0.14 K、1.3 K 和 −0.20 hPa、0.38 hPa，较 GPT3 模型平均 BIAS 和 RMS 分别减小了 61%、41% 和 84%、80%，较时空约减法模型分别减小了 13%、2% 和 20%、5%；将本模型输出的气温和气压用于 GNSS 反演大气降水量，将 GNSS 反演的 PWV 与无线电探空仪反演的 PWV 进行对比，其 BIAS、RMS 和 STD 分别为 0.57 mm、1.61 mm 和 1.58 mm。

(3) 分析了在中国区域的几种基于地表气象参数建立的 T_m 回归模型精度，比较了线

性单因子 T_s-T_m、P_s-T_m、$\ln(e_s)$-T_m、T_{ds}-T_m 和非线性单因子 T_s-T_m 模型求解各探空站地表 T_m 精度，T_m 模型的精度排序由高至低分别为 T_s-T_m、$\ln(e_s)$-T_m、T_{ds}-T_m 和 P_s-T_m，线性 T_s-T_m 和非线性 T_s-T_m 模型的精度相当；分析了 T_m 垂直衰减因子 β 的变化趋势，比较了未附加高程改正的线性 T_s-T_m 模型和高程改正的线性 T_s-T_m 模型计算任意探空高度的 T_m。结果表明，在全国范围内，使用高程改正的线性 T_s-T_m 模型 STD 和 RMS 分别减少 19% 和 42%；分析了利用多地表参数构建地表 T_m 模型精度，结果表明三因子 $T_m = a_0 + a_1 \cdot T_s + a_2 \cdot P_s + a_3 \cdot \ln(e_s)$ 线性模型精度最高，额外增加 T_{ds} 参数的四因子模型不能进一步提高 T_m 精度；在上述几种线性模型基础上，考虑了 T_m 的非线性部分，通过人工神经网络模型和支持向量回归模型对非线性残差部分优化。结果表明，通过组合 ANN 或 SVR 模型，能够有效减小线性 T_m 模型的 BIAS。采用 ANN 模型组合的 T_m 模型，相对于线性单因子、双因子、三因子和四因子 T_m 模型的 BIAS 分别减小了 40%、56%、83% 和 43%。

（4）设计了一种 BNC+Bernese 组合的 GNSS 水汽监测系统，并对不同观测模式下采用该系统输出的水汽产品精度进行了评估。在实时模式下，采用 GNSS 精密单点定位（PPP）和双差法（DD）反演 ZTD/PWV 与 IGS-ZTD/RS-PWV 对比的结果表明，DD-ZTD/DD-PWV 精度优于 PPP-ZTD/PPP-PWV，DD-ZTD/DD-PWV 和 PPP-ZTD/PPP-PWV 的平均 BIAS、STD、RMS 分别为 −0.06 mm/0.18 mm、7.59 mm/2.43 mm、7.85 mm/2.88 mm 和 0.87 mm/−0.40、14.11 mm/3.11 mm、14.25 mm/3.36 mm；事后模式下，利用 GNSS 计算台风天气下的 PPP-ZTD/PPP-PWV 和 DD-ZTD/DD-PWV 与 IGS-ZTD/RS-PWV 对比的结果表明，DD-ZTD/DD-PWV 精度略微优于 PPP-ZTD/PPP-PWV，DD-ZTD/DD-PWV 和 PPP-ZTD/PPP-PWV 的平均 BIAS、STD、RMS 分别为 −2.46 mm/0.02 mm、6.72 mm/2.32 mm、7.22 mm/2.27 mm 和 −4.04 mm/−0.11、8.32 mm/2.47 mm、9.36 mm/2.56 mm；根据分析的结果表明，使用 DD 反演 PWV 对钟差和轨道的精度依赖性较小，实时和事后的 DD-PWV 精度无明显差异。当使用 PPP 反演 PWV 时，实时的 PPP-PWV 精度低于事后精度。

（5）以 2018 年中国香港超级台风"山竹"为例，研究了台风登陆前后气温、气压、风速、降雨量和 PWV 的变化特征。研究发现，当台风开始接近站点时，PWV 将出现突然的增长；当开始远离时，区域 PWV 风速和小时降雨量将达到最大，气压降至最低，同时引起持续的低温环境；台风在海洋区域运动过程中，形成了与台风风圈类似的水汽圈结构，其中心区域附近水汽含量要高于外围结构，且水汽的移动方向与台风的路径方向基本重合；台风登陆中国香港区域后，区域内部的水汽增量方向与台风的移动方向是一致的，同时会受到一定的山脉阻塞效应影响，山地地区将出现 PWV 局部最小值。在台风来临和远离某一区域时，将 PWV 分别出现增长点和下降点作为台风的信号特征点，利用该区域 PWV 达到各站点出现的信号时间差，建立了台风移动的理论几何模型，推导了台风以恒定速度运动[模型（1）]和变速运动[模型（2）]的观测方程。利用 ERA5 反演的 PWV（ERA5-PWV）分别计算了 5 种不同等级的热带气旋移动速度，并将其结果与官方数据进行对比，两者绝对偏差小于 7 km/h，相对偏差小于 34%。模型（1）平均绝对偏差为 3.6 km/h，平均相对偏差为 16.6%。模型（2）的绝对平均偏差为 2.4 km/h，平均偏差为 10.7%。利用模型（1）计算的台风接近和远离时刻移动速度的平均绝对偏差分别为 3.3 km/h 和 3.39 km/h,相对偏差分别为 16.3％和17.0％;利用模型(2)计算的台风接近和远离时刻移动速度的平均绝对偏差分别为 2.6 km/h 和 2.2 km/h,相对偏差分别为 12.0％和9.5％;利用地面 GNSS 站反演的高时间分辨率 PWV 估计的台风来临时的移动速度对比真实结果,两者绝对偏差小于 6 km/h,相对偏差小于 15％,平均偏差为 2.6 km/h,平均相对偏差为 9.9％。

第二节　展　　望

本书针对 GNSS 水汽反演技术中区域大气改正模型的构建、区域加权平均温度模型的优化、高精度 GNSS 水汽处理系统的搭建和地基 GNSS 水汽产品在台风中的应用等关键科学与应用问题展开了深入的研究和讨论,改进了 GNSS 水汽反演技术中的关键参数建模精度,为利用高分辨率的 GNSS 水汽资料研究台风等动力学天气的短临预报提供了一种新的思路。然而,GNSS 气象学的研究是一个长期的艰巨过程,对于相关研究的下一步主要工作展望如下:

(1) 针对区域大气改正模型的构建,本书对于温度和气压的纯空间变异函数和纯时间变异函数的确定,仅考虑了几种常用的变异模型,未考虑变异函数的套和情况。例如,气压和温度的纯时间变异函数中,仅考虑了具有周期起伏的洞穴效应模型,而大气参数不仅具有周期性特征,还具有一定的非周期性特征,对于非周期性部分需考虑使用更加合适的变异函数对其建模,组合新的变异函数套和结构,使其拟合程度更高,进一步提高时空插值的精度。

(2) 在区域的大气加权平均温度模型研究中,本书仅考虑了采用探空廓线资料建立的 T_m 回归模型。对于许多探空站点稀疏地区,建立的 T_m 模型精度通常差强人意,而再分析资料能够提供高时空分辨率的大气廓线信息。如何融合多源廓线资料提高 T_m 模型的精细度,还有待进一步研究。

(3) 在利用 GNSS 水汽产品研究极端天气方面,本书仅使用了 GNSS-PWV 研究台风的活动。PWV 作为一种二维水汽信息,难以揭示台风在不同高度上的活动。因此,在将来的研究中,可考虑使用 GNSS 水汽层析的方法获得高时空分辨率的四维水汽产品分析台风在垂直方向上的运动。

(4) 本书提出的利用 PWV 研究台风的运动模型中,仅考虑了台风运动方向恒定的情况,没有考虑台风在运动过程中受到的阻力而引起的运动方向和半径衰减影响。因此,在将来的研究中,可增加基于角速度、角加速度和半径衰减系数对台风运动模型进一步优化。

附　　录

附表 1　线性 T_s-T_m 模型系数及其统计量

序号	东经/(°)	北纬/(°)	BIAS/K	STD/K	RMS/K	a_0	a_1
1	119.7	49.25	0.457 9	3.809 7	3.834 5	70.017 4	0.718 4
2	125.233 3	49.166 7	0.481 7	4.485 6	4.508 4	57.060 6	0.757 2
3	128.833 3	47.716 7	0.320 6	3.912 0	3.922 4	41.821 2	0.813 6
4	126.566 7	45.933 3	0.615 9	3.614 5	3.664 1	38.549 5	0.823 9
5	88.083 3	47.733 3	−0.288 2	3.740 4	3.748 9	93.547 0	0.627 8
6	81.333 3	43.95	0.340 5	3.959 9	3.971 8	92.854 1	0.633 1
7	87.616 7	43.783 3	−0.149 2	3.232 3	3.233 5	105.185 7	0.590 1
8	82.95	41.716 7	0.201 6	4.004 4	4.006 7	107.468 8	0.579 1
9	75.75	39.483 3	0.099 3	3.774 8	3.773 6	108.983 7	0.574 9
10	88.166 7	39.033 3	0.132 9	4.578 4	4.577 1	115.606 2	0.554 3
11	79.933 3	37.133 3	0.259 6	3.479 5	3.486 8	102.416 7	0.591 4
12	82.716 7	37.066 7	0.142 4	4.033 1	4.032 8	116.497 5	0.544 8
13	93.516 7	42.816 7	−0.054 8	4.027 5	4.025 1	104.180 9	0.591 1
14	101.066 7	41.95	−0.248 8	4.219 7	4.224 2	91.108 4	0.632 4
15	97.033 3	41.8	−0.041 6	3.485 4	3.482 9	92.874 7	0.623 1
16	94.683 3	40.15	0.052 5	4.490 5	4.487 7	109.625 1	0.570 3
17	98.483 3	39.766 7	−0.181 5	3.954 6	3.956 1	94.287 6	0.625 2
18	103.083 3	38.633 3	−0.096 7	4.524 4	4.522 3	90.461 6	0.639 9
19	94.9	36.416 7	−0.117 0	3.226 0	3.225 7	83.175 4	0.650 0
20	98.1	36.3	−0.400 7	2.720 0	2.747 1	48.144 7	0.776 4
21	101.75	36.716 7	0.121 4	3.291 8	3.291 6	86.547 1	0.649 3
22	104.15	35.866 7	−0.238 2	4.052 8	4.057 0	85.132 6	0.663 0
23	111.95	43.633 3	−0.347 8	4.465 5	4.476 0	74.940 3	0.693 4
24	111.566 7	40.85	−0.425 0	3.699 4	3.721 2	50.621 5	0.782 5
25	107.366 7	40.733 3	−0.071 6	3.846 1	3.844 1	69.287 0	0.718 5
26	106.2	38.466 7	0.117 6	3.904 0	3.903 1	69.816 4	0.712 5

序号	东经/(°)	北纬/(°)	BIAS/K	STD/K	RMS/K	a_0	a_1
27	112.576 7	37.620 6	−0.120 1	4.515 0	4.513 5	55.626 2	0.768 5
28	109.4 5	36.566 7	0.175 0	4.434 3	4.434 7	63.975 0	0.742 3
29	106.666 7	35.55	−0.242 2	3.369 5	3.375 9	62.609 6	0.740 6
30	116.116 7	43.95	−0.040 8	4.132 8	4.130 2	63.587 6	0.730 7
31	122.266 7	43.6	0.045 6	4.008 8	4.006 3	23.903 1	0.874 3
32	125.216 7	43.9	0.365 6	3.328 6	3.346 3	33.031 6	0.844 4
33	118.833 3	42.3	0.073 5	4.084 3	4.082 2	27.766 7	0.863 6
34	129.5	42.866 7	0.095 6	4.045 4	4.043 7	17.109 8	0.902 0
35	123.516 7	41.733 3	0.591 0	5.181 8	5.201 1	44.561 6	0.811 2
36	126.883 3	41.8	−0.314 8	3.712 9	3.723 7	47.444 4	0.798 3
37	116.283 3	39.933 3	−0.294 7	4.250 7	4.258 0	23.526 9	0.877 6
38	121.633 3	38.9	0.109 6	3.534 7	3.534 0	8.174 9	0.932 9
39	117.55	36.7	−0.051 4	2.912 2	2.910 7	32.630 2	0.849 3
40	120.333 3	36.066 7	0.121 4	3.369 7	3.369 6	8.893 6	0.935 2
41	92.066 7	31.483 3	0.201 2	4.446 3	4.447 8	88.105 1	0.6351
42	91.133 3	29.666 7	0.143 6	3.506 4	3.506 8	89.154 9	0.630 6
43	96.95	33	−0.219 2	3.213 3	3.218 5	68.528 1	0.707 4
44	102.9	35	−0.211 1	3.073 2	3.078 3	69.712 1	0.708 0
45	97.166 7	31.15	−0.095 7	3.373 8	3.372 4	81.391 2	0.660 6
46	100	31.616 7	0.571 7	3.244 9	3.292 6	77.637 4	0.676 8
47	103.866 7	30.75	−0.148 1	2.709 1	2.711 3	66.858 9	0.731 8
48	102.266 7	27.9	0.461 8	2.492 1	2.532 8	114.121 7	0.562 3
49	104.283 3	26.866 7	0.219 4	2.185 3	2.194 8	114.523 0	0.563 4
50	98.505 6	24.984 4	0.087 0	1.912 3	1.913 0	139.669 7	0.478 5
51	102.683 3	25.016 7	−0.006 4	2.243 9	2.242 4	150.332 7	0.445 2
52	100.983 3	22.766 7	−0.375 6	2.330 6	2.359 0	198.924 0	0.280 8
53	103.327 8	23.444 4	−0.545 3	2.377 7	2.437 8	153.544 3	0.435 2
54	113.65	34.716 7	0.359 6	3.846 8	3.860 9	52.310 4	0.782 8
55	107.033 3	33.066 7	0.064 0	2.695 7	2.694 6	59.687 1	0.755 8
56	108.966 7	34.433 3	−0.040 9	3.575 6	3.573 4	55.888 0	0.768 8
57	112.483 3	33.1	0.682 8	3.471 8	3.536 0	57.613 5	0.765 3
58	109.466 7	30.283 3	0.168 7	2.422 3	2.426 5	65.434 9	0.735 1
59	111.366 7	30.733 3	0.195 2	3.035 1	3.039 3	48.933 6	0.799 4
60	114.05	30.6	−0.061 2	3.207 8	3.206 1	67.926 2	0.734 4
61	106.4	29.6	−0.161 7	2.073 5	2.078 4	54.390 2	0.778 7
62	110	27.566 7	−0.420 7	2.346 2	2.3820	85.630 8	0.670 9

序号	东经/(°)	北纬/(°)	BIAS/K	STD/K	RMS/K	a_0	a_1
63	106.65	26.483 3	−0.388 1	2.137 7	2.171 2	102.613 3	0.613 3
64	110.3	25.333 3	−0.511 0	2.378 8	2.431 4	99.571 5	0.623 7
65	112.973 9	25.735 3	−0.904 9	2.223 7	2.399 4	96.698 2	0.638 1
66	115	25.866 7	−0.251 4	2.324 5	2.336 4	102.669 4	0.613 5
67	117.15	34.283 3	0.324 9	3.400 8	3.414 0	46.554 1	0.802 0
68	120.3	33.75	−0.362 4	3.425 2	3.441 9	36.227 8	0.842 6
69	115.733 3	32.866 7	0.443 5	3.334 2	3.361 3	41.940 9	0.818 5
70	118.9	31.933 3	0.148 7	3.127 7	3.128 9	45.263 8	0.810 5
71	121.45	31.416 7	−0.159 9	2.795 9	2.798 4	43.996 9	0.813 3
72	116.966 7	30.616 7	0.015 9	3.015 1	3.012 9	55.348 3	0.775 1
73	120.166 7	30.2333	−0.098 7	2.751 7	2.751 4	51.107 0	0.789 6
74	115.916 7	28.6	−0.273 7	2.622 0	2.634 3	70.397 7	0.722 5
75	118.866 7	28.966 7	−0.260 2	2.580 8	2.591 9	73.747 9	0.711 7
76	121.416 7	28.616 7	−0.322 5	2.591 5	2.609 6	57.866 2	0.766 3
77	117.466 7	27.333 3	−0.488 8	2.527 6	2.5726	85.031 6	0.674 4
78	119.283 3	26.083 3	−0.638 5	2.171 1	2.261 5	69.538 6	0.728 7
79	118.083 3	24.483 3	−0.330 7	2.001 5	2.027 1	83.081 8	0.682 1
80	106.6	23.9	−0.259 1	2.015 9	2.031 0	105.208 9	0.605 9
81	111.3	23.483 3	−0.327 8	1.842 6	1.870 2	109.773 7	0.592 5
82	113.083 3	23.7	−0.642 1	1.948 0	2.049 7	107.778 7	0.601 7
83	116.666 7	23.35	−0.369 3	2.072 1	2.103 3	98.704 9	0.632 1
84	108.216 7	22.633 3	−0.879 6	2.140 2	2.312 5	120.532 6	0.559 5
85	110.25	20	−0.389 8	1.924 6	1.962 2	120.116 6	0.563 4
86	114.168 6	22.327 2	−0.299 0	1.973 2	1.994 3	113.983 8	0.580 2
87	112.333 3	16.833 3	−0.652 3	2.001 8	2.104 0	145.854 1	0.476 6
88	121.516 7	25.033 3	−0.112 5	2.000 3	2.001 9	67.937 6	0.730 5

附表 2　线性 P_s-T_m 模型系数及其统计量

序号	东经/(°)	北纬/(°)	BIAS/K	STD/K	RMS/K	a_0	a_1
1	119.7	49.25	0.209 0	10.613 7	10.608 4	1 132.649 1	−0.924 8
2	125.233 3	49.166 7	0.2046	12.106 1	12.099 5	480.402 1	−0.219 3
3	128.833 3	47.716 7	0.831 9	10.737 5	10.762 3	1 194.757 1	−0.946 4
4	126.566 7	45.933 3	0.492 0	9.236 5	9.243 2	1 254.790 8	−0.987 4
5	88.083 3	47.73 33	0.041 5	6.226 2	6.222 0	1 184.684 5	−0.981 1

序号	东经/(°)	北纬/(°)	BIAS/K	STD/K	RMS/K	a_0	a_1
6	81.333 3	43.95	0.207 8	5.763 4	5.763 2	1 119.425 7	−0.899 5
7	87.616 7	43.783 3	0.266 2	5.912 6	5.914 5	1 174.451 2	−0.990 8
8	82.95	41.716 7	0.562 1	5.947 3	5.969 8	1 016.347 1	−0.833 4
9	75.75	39.483 3	0.256 5	6.581 0	6.581 5	1 003.633 4	−0.848 2
10	88.166 7	39.033 3	0.396 6	5.707 9	5.717 7	1 015.932 4	−0.812 6
11	79.933 3	37.133 3	0.499 9	6.176 5	6.192 5	1 020.951 8	−0.868 6
12	82.716 7	37.066 7	0.354 3	6.401 2	6.406 6	784.938 0	−0.597 6
13	93.516 7	42.816 7	0.196 9	5.379 5	5.379 4	1072.196 7	−0.860 3
14	101.066 7	41.95	−0.066 6	6.324 9	6.320 9	1 177.356 9	−0.998 3
15	97.033 3	41.8	−0.488 1	7.450 1	7.460 1	1 142.851 6	−1.063 5
16	94.683 3	40.15	0.273 5	6.093 7	6.095 7	1 061.544 6	−0.890 7
17	98.483 3	39.766 7	0.119 7	6.700 3	6.696 8	985.344 5	−0.838 9
18	103.083 3	38.633 3	0.083 5	6.752 0	6.747 8	1 195.574 2	−1.070 4
19	94.9	36.416 7	−0.061 5	7.668 3	7.663 0	444.959 1	−0.248 5
20	98.1	36.3	−0.730 2	8.241 4	8.266 7	178.566 3	0.123 1
21	101.75	36.716 7	0.820 9	7.427 0	7.466 9	337.797 8	−0.091 2
22	104.15	35.866 7	0.091 7	7.011 5	7.007 3	1 037.482 6	−0.944 8
23	111.95	43.633 3	−0.249 4	8.996 2	8.993 5	1 272.577 3	−1.109 7
24	111.566 7	40.85	−0.227 1	8.033 1	8.030 9	1 347.059 0	−1.215 1
25	107.366 7	40.733 3	0.210 7	6.899 6	6.898 1	1 289.582 6	−1.134 1
26	106.2	38.466 7	0.089 3	6.135 5	6.132 0	1 224.913 5	−1.070 6
27	112.576 7	37.620 6	0.000 2	6.279 0	6.274 7	1 270.389 1	−1.074 7
28	109.45	36.566 7	0.081 1	6.331 5	6.327 7	1 306.644 3	−1.169 0
29	106.666 7	35.55	3.722 5	6.710 7	7.670 0	672.297 2	−0.465 1
30	116.116 7	43.95	−0.607 2	9.699 2	9.711 5	1247.386 6	−1.090 0
31	122.266 7	43.6	0.229 0	8.123 4	8.121 5	1281.394 2	−1.018 1
32	125.216 7	43.9	0.767 1	8.972 8	8.999 4	1 203.663 8	−0.947 1
33	118.833 3	42.3	−0.248 6	8.789 2	8.7867	1 315.263 3	−1.113 4
34	129.5	42.866 7	−0.030 2	9.521 5	9.515 0	1 176.854 3	−0.922 4
35	123.516 7	41.733 3	4.611 2	6.343 6	7.828 3	1 234.493 4	−0.951 6
36	126.883 3	41.8	−0.540 7	10.408 3	10.415 2	430.727 4	−0.166 4
37	116.283 3	39.933 3	−0.381 0	6.067 4	6.07 52	1 072.670 0	−0.787 8
38	121.633 3	38.9	−0.152 5	6.203 8	6.201 4	1 196.663 9	−0.917 4
39	117.55	36.7	0.897 9	8.569 0	8.610 0	393.813 4	−0.117 9
40	120.333 3	36.066 7	−0.129 3	5.375 8	5.373 7	1 138.362 1	−0.854 6
41	92.066 7	31.483 3	−0.078 8	6.625 5	6.621 4	−287.059 4	0.934 6

附表 2(续)

序号	东经/(°)	北纬/(°)	BIAS/K	STD/K	RMS/K	a_0	a_1
42	91.133 3	29.666 7	0.002 4	6.755 5	6.750 7	171.501 7	0.147 0
43	96.95	33	−0.084 2	7.428 4	7.423 2	−27.039 5	0.449 3
44	102.9	35	−0.105 4	7.106 9	7.102 8	37.989 7	0.317 1
45	97.166 7	31.15	−0.023 7	7.228 1	7.222 2	407.980 3	−0.206 3
46	100	31.616 7	0.608 2	6.865 9	6.887 8	132.339 5	0.199 4
47	103.866 7	30.75	−0.971 6	4.875 0	4.967 6	503.646 7	−0.237 8
48	102.266 7	27.9	0.020 2	3.846 8	3.844 2	812.036 4	−0.638 6
49	104.283 3	26.866 7	−0.146 5	3.993 8	3.993 7	723.235 8	−0.577 2
50	98.505 6	24.984 4	0.137 1	3.669 4	3.669 4	282.068 0	−0.005 5
51	102.683 3	25.016 7	−0.321 3	2.848 1	2.864 2	703.343 1	−0.523 8
52	100.983 3	22.766 7	−0.576 9	2.603 8	2.665 2	564.763 1	−0.326 6
53	103.327 8	23.444 4	−0.541 1	2.637 4	2.690 5	695.128 7	−0.477 8
54	113.65	34.716 7	0.493 0	4.397 0	4.421 5	1 092.364 5	−0.811 1
55	107.033 3	33.066 7	0.159 4	4.220 0	4.220 1	1 020.438 8	−0.776 2
56	108.966 7	34.433 3	−1.170 1	7.061 8	7.153 3	426.975 3	−0.155 9
57	112.483 3	33.1	0.580 6	3.884 7	3.925 2	1 054.742 6	−0.780 4
58	109.466 7	30.283 3	0.008 5	3.601 4	3.598 9	944.540 5	−0.692 1
59	111.366 7	30.733 3	0.079 3	3.744 9	3.743 1	1 002.671 1	−0.733 2
60	114.05	30.6	−0.252 3	3.844 0	3.849 6	987.405 0	−0.697 9
61	106.4	29.6	0.102 7	3.672 6	3.671 5	941.592 0	−0.695 5
62	110	27.566 7	−0.248 3	3.262 3	3.269 5	915.241 8	−0.644 7
63	106.65	26.483 3	−0.295 9	3.144 4	3.156 1	933.981 1	−0.746 5
64	110.3	25.333 3	−0.442 6	2.724 2	2.758 0	865.450 9	−0.586 4
65	112.973 9	25.735 3	1.458 2	4.272 7	4.511 9	503.092 1	−0.225 1
66	115	25.866 7	−0.050 2	3.023 5	3.021 9	870.493 5	−0.589 0
67	117.15	34.283 3	0.216 7	4.461 5	4.463 7	1 081.964 9	−0.794 7
68	120.3	33.75	−0.051 5	4.505 0	4.502 2	1 067.962 1	−0.776 4
69	115.733 3	32.866 7	0.200 8	4.056 2	4.058 4	1 042.908 8	−0.754 5
70	118.9	31.933 3	−0.023 3	4.256 4	4.253 3	1 042.845 9	−0.753 7
71	121.45	31.416 7	−0.094 1	4.217 5	4.215 4	1 021.821 2	−0.730 0
72	116.966 7	30.616 7	−0.159 5	3.938 7	3.939 0	1 001.812 6	−0.715 7
73	120.166 7	30.233 3	−0.124 5	4.132 9	4.131 7	1 004.141 3	−0.715 5
74	115.916 7	28.6	−0.284 1	3.524 7	3.533 5	948.982 7	−0.661 5
75	118.866 7	28.966 7	−0.227 3	3.743 0	3.747 1	951.506 1	−0.666 7
76	121.416 7	28.616 7	−0.121 5	3.994 1	3.993 0	945.335 0	−0.654 1
77	117.466 7	27.333 3	−0.467 0	3.424 5	3.453 6	922.543 1	−0.647 9

序号	东经/(°)	北纬/(°)	BIAS/K	STD/K	RMS/K	a_0	a_1
78	119.283 3	26.083 3	1.133 7	3.250 7	3.440 5	854.460 3	−0.568 6
79	118.083 3	24.483 3	−0.293 5	2.803 8	2.817 1	814.602 3	−0.532 1
80	106.6	23.9	−0.390 5	2.318 0	2.349 0	778.037 0	−0.498 5
81	111.3	23.483 3	−0.218 9	2.454 2	2.462 1	800.262 6	−0.516 4
82	113.083 3	23.7	−0.591 9	2.617 8	2.682 0	783.171 5	−0.496 0
83	116.666 7	23.35	−0.638 1	2.667 2	2.740 6	765.045 5	−0.473 3
84	108.216 7	22.633 3	0.416 5	2.354 2	2.389 0	715.447 3	−0.431 4
85	110.25	20	−0.759 1	2.473 1	2.585 2	642.884 6	−0.353 9
86	114.168 6	22.327 2	−0.562 7	2.498 2	2.559 0	696.574 7	−0.408 7
87	112.333 3	16.833 3	−0.803 0	2.183 4	2.324 8	428.719 2	−0.138 4
88	121.516 7	25.033 3	−0.766 5	3.581 4	3.659 8	307.284 6	−0.023 0

附表 3 线性 E_s-T_m 模型系数及其统计量

序号	东经/(°)	北纬/(°)	BIAS/K	STD/K	RMS/K	a_0	a_1
1	119.7	49.25	−0.647 4	4.794 4	4.834 6	254.075 9	10.069 2
2	125.233 3	49.166 7	−0.285 8	4.090 4	4.097 5	251.253 9	10.288 5
3	128.833 3	47.716 7	0.137 8	3.904 1	3.903 8	251.063 0	10.122 6
4	126.566 7	45.933 3	−0.291 2	3.998 6	4.006 4	250.088 0	11.030 0
5	88.083 3	47.733 3	0.020 5	4.369 7	4.366 7	252.703 9	10.304 2
6	81.333 3	43.95	−0.585 6	6.192 5	6.215 9	253.837 6	10.397 2
7	87.616 7	43.783 3	−0.137 8	4.893 1	4.891 7	252.955 2	11.051 0
8	82.95	41.716 7	−0.251 1	3.929 9	3.935 2	254.043 0	10.352 0
9	75.75	39.483 3	−1.014 3	4.459 9	4.570 7	256.043 6	10.353 2
10	88.166 7	39.033 3	0.172 7	4.594 0	4.594 1	258.160 0	9.368 0
11	79.933 3	37.133 3	0.213 3	4.776 8	4.778 2	258.823 6	8.587 3
12	82.716 7	37.066 7	0.214 4	4.860 6	4.861 9	259.038 8	8.522 1
13	93.516 7	42.816 7	−0.624 8	4.581 0	4.620 2	256.661 4	10.502 9
14	101.066 7	41.95	0.298 0	5.178 9	5.183 8	259.212 8	9.759 7
15	97.033 3	41.8	−0.080 9	5.280 3	5.276 7	257.093 2	9.539 3
16	94.683 3	40.15	0.297 4	5.129 8	5.134 9	258.228 1	9.303 2
17	98.483 3	39.766 7	0.355 2	4.652 7	4.663 1	258.198 6	9.237 5
18	103.083 3	38.633 3	0.151 8	5.167 3	5.165 9	259.746 1	8.642 3
19	94.9	36.416 7	0.676 8	4.216 1	4.267 0	257.476 3	8.467 5
20	98.1	36.3	0.993 7	4.603 9	4.706 1	254.350 8	8.566 9

附表 3（续）

序号	东经/(°)	北纬/(°)	BIAS/K	STD/K	RMS/K	a_0	a_1
21	101.75	36.716 7	0.214 7	3.893 3	3.896 4	255.412 1	8.004 8
22	104.15	35.866 7	0.488 2	4.042 6	4.069 2	255.732 5	8.885 7
23	111.95	43.633 3	−0.112 7	5.123 6	5.121 3	255.477 2	10.439 0
24	111.566 7	40.85	0.125 9	4.553 6	4.552 2	256.257 4	9.984 2
25	107.366 7	40.733 3	0.257 3	4.426 6	4.431 0	256.188 7	9.773 2
26	106.2	38.466 7	−0.044 7	4.220 3	4.217 6	255.766 8	9.474 8
27	112.576 7	37.620 6	−0.689 9	4.259 3	4.312 0	255.739 9	9.638 0
28	109.45	36.566 7	−0.194 9	4.553 2	4.554 3	257.007 7	9.122 5
29	106.666 7	35.55	0.366 5	3.921 1	3.935 5	254.916 7	9.003 8
30	116.116 7	43.95	−0.893 6	4.800 8	4.880 0	252.015 0	10.735 3
31	122.266 7	43.6	−0.358 5	4.157 6	4.170 2	252.357 0	10.842 2
32	125.216 7	43.9	−0.671 4	4.107 5	4.159 2	250.603 8	10.934 3
33	118.833 3	42.3	−0.297 5	4.544 4	4.551 0	254.863 3	10.409 5
34	129.5	42.866 7	−1.133 1	3.841 7	4.002 8	251.430 0	10.762 4
35	123.516 7	41.733 3	−1.216 6	4.795 1	4.934 1	255.220 1	10.045 4
36	126.883 3	41.8	−0.305 0	3.822 8	3.832 3	251.308 3	10.361 3
37	116.283 3	39.933 3	−1.057 8	4.210 5	4.338 5	254.852 3	10.327 8
38	121.633 3	38.9	−0.521 6	4.176 6	4.206 2	253.897 2	10.131 1
39	117.55	36.7	−1.163 7	4.251 0	4.404 6	254.602 6	10.227 4
40	120.333 3	36.066 7	−0.234 0	3.696 2	3.701 1	250.362 5	11.344 0
41	92.066 7	31.483 3	0.860 8	3.895 9	3.987 3	256.725 9	6.186 8
42	91.133 3	29.666 7	0.312 7	4.201 3	4.209 9	261.481 6	5.047 2
43	96.95	33	0.774 3	3.398 0	3.482 6	254.329 8	7.405 0
44	102.9	35	0.423 8	3.473 5	3.496 8	253.511 6	7.948 8
45	97.166 7	31.15	0.256 3	4.387 7	4.391 6	257.494 5	6.542 9
46	100	31.616 7	0.650 2	4.251 9	4.298 3	256.618 0	6.912 0
47	103.866 7	30.75	0.496 4	2.791 5	2.833 4	249.020 6	11.136 9
48	102.266 7	27.9	−0.671 4	3.299 7	3.365 1	264.000 1	5.647 9
49	104.283 3	26.866 7	−0.352 1	3.077 0	3.095 0	257.605 7	7.347 5
50	98.505 6	24.984 4	0.069 5	2.457 4	2.456 7	262.958 0	5.682 3
51	102.683 3	25.016 7	−0.371 1	2.858 9	2.880 9	269.303 9	3.903 7
52	100.983 3	22.766 7	−0.607 1	2.905 1	2.965 8	277.208 8	1.354 3
53	103.327 8	23.444 4	−0.569 5	2.932 2	2.985 0	267.136 6	4.924 0
54	113.65	34.716 7	−0.362 8	4.160 5	4.173 5	255.349 5	9.954 0
55	107.033 3	33.066 7	0.405 0	3.396 6	3.418 3	248.581 0	11.547 2
56	108.966 7	34.433 3	0.369 7	4.358 0	4.370 7	256.217 6	9.523 9

附表 3（续）

序号	东经/(°)	北纬/(°)	BIAS/K	STD/K	RMS/K	a_0	a_1
57	112.483 3	33.1	−0.071 7	3.736 6	3.734 7	252.999 5	10.367 6
58	109.466 7	30.283 3	0.128 7	2.927 6	2.928 4	246.223 8	11.965 7
59	111.366 7	30.733 3	−0.217 3	3.336 7	3.341 4	250.417 2	11.327 3
60	114.05	30.6	−0.315 0	3.282 3	3.295 2	250.383 7	11.232 3
61	106.4	29.6	−0.178 4	3.255 6	3.258 3	245.638 9	12.654 6
62	110	27.566 7	−0.163 4	2.813 4	2.816 2	250.961 9	10.753 5
63	106.65	26.483 3	−0.246 6	2.471 9	2.482 5	255.412 4	9.170 7
64	110.3	25.333 3	−0.860 4	2.972 1	3.092 2	258.974 1	8.371 1
65	112.973 9	25.735 3	−0.868 7	2.879 4	3.005 7	255.193 9	9.790 9
66	115	25.866 7	−0.504 6	3.074 0	3.113 0	254.858 9	9.602 3
67	117.15	34.283 3	−0.462 2	3.835	3.860 5	253.398 4	10.312 5
68	120.3	33.75	0.507 5	3.317 3	3.353 6	249.923 6	11.254 3
69	115.733 3	32.866 7	−0.065 3	3.933 3	3.931 1	252.240 9	10.584 5
70	118.9	31.933 3	0.044 2	3.565 8	3.563 4	250.566 9	11.293 6
71	121.45	31.416 7	0.184 7	2.964 5	2.968 0	249.735 7	11.418 6
72	116.966 7	30.616 7	−0.328 6	3.293 2	3.307 1	251.206 4	10.775 9
73	120.166 7	30.233 3	−0.102 6	3.260 3	3.259 5	251.246 8	10.965 1
74	115.916 7	28.6	−0.408 6	3.053 6	3.078 5	252.287 7	10.496 0
75	118.866 7	28.966 7	−0.666 5	3.319 5	3.383 3	251.992 0	10.392 8
76	121.416 7	28.616 7	−0.196 2	2.789 9	2.794 7	252.182 8	10.365 1
77	117.466 7	27.333 3	−0.587 7	2.903 4	2.960 1	253.590 2	9.858 5
78	119.283 3	26.083 3	−0.365 9	2.608 7	2.632 4	254.551 0	9.980 8
79	118.083 3	24.483 3	−0.143 0	2.388 8	2.391 3	258.746 9	8.462 2
80	106.6	23.9	0.016 8	2.484 2	2.482 4	256.968 1	8.999 0
81	111.3	23.483 3	−0.313 6	2.142 5	2.163 7	258.485 5	8.591 2
82	113.083 3	23.7	−0.382 8	2.457 1	2.484 9	262.567 8	7.574 9
83	116.666 7	23.35	−0.214 9	2.345 7	2.353 8	258.971 7	8.724 0
84	108.216 7	22.633 3	−0.687 6	2.124 2	2.231 2	262.022 6	7.764 9
85	110.25	20	−0.498 6	2.152 1	2.207 5	259.325 4	8.798 2
86	114.168 6	22.327 2	−0.291 0	2.245 4	2.262 5	263.843 8	7.117 2
87	112.333 3	16.833 3	−0.760 9	2.091 6	2.224 2	272.614 0	4.843 9
88	121.516 7	25.033 3	0.243 0	2.431 5	2.441 7	254.702 8	9.732 5

附表 4 线性 T_{ds}-T_m 模型系数及其统计量

序号	东经/(°)	北纬/(°)	BIAS/K	STD/K	RMS/K	a_0	a_1
1	119.7	49.25	−0.717 1	4.911 1	4.959 8	54.575 3	0.795 2
2	125.233 3	49.166 7	−0.318 5	4.162 8	4.172 1	51.220 6	0.797 8
3	128.833 3	47.716 7	0.062 8	3.862 5	3.860 3	54.123 7	0.785 3
4	126.566 7	45.933 3	−0.284 3	4.113 3	4.120 3	42.969 0	0.828 4
5	88.083 3	47.733 3	0.001 7	4.332 3	4.329 3	55.232 6	0.790 0
6	81.333 3	43.95	−0.602 1	6.203 9	6.228 8	65.677 6	0.756 9
7	87.616 7	43.783 3	−0.141 3	4.907 0	4.905 6	47.229 3	0.825 5
8	82.95	41.716 7	−0.224 0	3.958 0	3.961 6	66.023 7	0.755 9
9	75.75	39.483 3	−0.987 8	4.489 9	4.594 5	67.362 1	0.758 6
10	88.166 7	39.033 3	0.181 0	4.626 7	4.627 0	88.063 3	0.683 5
11	79.933 3	37.133 3	0.205 3	4.810 7	4.811 8	102.488 6	0.628 4
12	82.716 7	37.066 7	0.210 8	4.888 4	4.889 6	100.537 0	0.635 9
13	93.516 7	42.816 7	−0.574 6	4.552 3	4.585 3	59.523 8	0.790 2
14	101.066 7	41.95	0.280 8	5.237 2	5.241 1	71.366 1	0.751 4
15	97.033 3	41.8	−0.111 1	5.352 5	5.349 3	71.125 4	0.743 8
16	94.683 3	40.15	0.319 7	5.118 8	5.125 3	83.030 0	0.702 1
17	98.483 3	39.766 7	0.326 4	4.694 4	4.702 5	83.383 7	0.700 3
18	103.083 3	38.633 3	0.132 5	5.210 5	5.208 6	95.511 3	0.657 5
19	94.9	36.416 7	0.633 4	4.251 8	4.295 7	88.456 5	0.675 2
20	98.1	36.3	0.935 0	4.636 7	4.726 2	85.295 8	0.675 4
21	101.75	36.716 7	0.182 4	3.858 7	3.860 2	103.419 9	0.608 6
22	104.15	35.866 7	0.489 0	4.034 9	4.061 6	92.337 7	0.656 0
23	111.95	43.633 3	−0.116 8	5.230 8	5.228 5	54.875 2	0.802 0
24	111.566 7	40.85	0.140 6	4.624 2	4.623 2	66.895 9	0.757 8
25	107.366 7	40.733 3	0.252 2	4.506 3	4.510 2	73.500 0	0.731 9
26	106.2	38.466 7	−0.035 4	4.205 2	4.203 0	81.020 7	0.701 0
27	112.576 7	37.620 6	−0.691 9	4.261 8	4.314 7	81.207 7	0.701 1
28	109.45	36.566 7	−0.179 9	4.545 3	4.545 8	90.422 1	0.668 8
29	106.666 7	35.55	0.364 4	3.894 0	3.908 4	91.284 0	0.657 5
30	116.116 7	43.95	−0.901 0	4.889 8	4.968 8	45.147 8	0.826 8
31	122.266 7	43.6	−0.327 6	4.293 9	4.303 5	51.523 5	0.804 3
32	125.216 7	43.9	−0.638 5	4.187 2	4.232 8	48.760 3	0.808 8
33	118.833 3	42.3	−0.303 9	4.621 6	4.628 4	59.320 4	0.782 5
34	129.5	42.866 7	−1.090 8	3.953 2	4.098 3	51.184 9	0.801 9
35	123.516 7	41.733 3	−1.087 0	4.629 6	4.742 9	69.294 5	0.744 7

序号	东经/(°)	北纬/(°)	BIAS/K	STD/K	RMS/K	a_0	a_1
36	126.883 3	41.8	−0.352 7	3.841 2	3.854 7	57.452 1	0.776 0
37	116.283 3	39.933 3	−1.052 9	4.181 9	4.309 7	68.569 1	0.748 2
38	121.633 3	38.9	−0.502 7	4.215 4	4.242 4	73.893 1	0.724 2
39	117.55	36.7	−1.226 8	4.265 6	4.435 7	73.329 6	0.729 7
40	120.333 3	36.066 7	−0.260 0	3.695 2	3.701 8	56.379 2	0.784 3
41	92.066 7	31.483 3	0.809 2	3.817 1	3.899 4	129.274 6	0.507 9
42	91.133 3	29.666 7	0.290 0	4.168 3	4.175 4	160.703 5	0.402 1
43	96.95	33	0.729 8	3.326 6	3.403 2	107.716 8	0.585 4
44	102.9	35	0.401 2	3.407 2	3.428 4	99.528 1	0.615 7
45	97.166 7	31.15	0.224 5	4.359 8	4.362 0	131.157 8	0.505 2
46	100	31.616 7	0.654 8	4.117 6	4.166 4	121.918 6	0.538 5
47	103.866 7	30.75	0.486 2	2.779 4	2.819 8	65.946 9	0.744 4
48	102.266 7	27.9	−0.659 8	3.288 3	3.351 7	167.649 7	0.390 0
49	104.283 3	26.866 7	−0.337 7	3.023 5	3.040 3	131.689 7	0.509 5
50	98.505 6	24.984 4	0.065 2	2.456 3	2.455 4	169.055 2	0.381 7
51	102.683 3	25.016 7	−0.372 2	2.856 6	2.878 8	203.679 7	0.266 2
52	100.983 3	22.766 7	−0.608 2	2.905 2	2.966 1	255.159 7	0.089 8
53	103.327 8	23.444 4	−0.568 2	2.936 2	2.988 7	188.129 8	0.322 5
54	113.65	34.716 7	−0.425 4	4.145 7	4.164 6	83.559 8	0.693 7
55	107.033 3	33.066 7	0.392 9	3.391 6	3.412 0	56.703 6	0.779 0
56	108.966 7	34.433 3	0.332 6	4.323 6	4.333 4	87.639 9	0.678 9
57	112.483 3	33.1	−0.118 2	3.719 3	3.718 6	76.384 5	0.714 5
58	109.466 7	30.283 3	0.116 3	2.937 5	2.937 8	51.911 6	0.791 5
59	111.366 7	30.733 3	−0.232 9	3.334 1	3.339 9	64.081 5	0.757 5
60	114.05	30.6	−0.349 7	3.274 4	3.290 8	67.353 2	0.744 9
61	106.4	29.6	−0.189 1	3.258 5	3.261 8	41.825 7	0.831 3
62	110	27.566 7	−0.176 0	2.818 5	2.822 0	77.090 8	0.708 6
63	106.65	26.483 3	−0.258 7	2.482 0	2.493 7	102.228 9	0.621 7
64	110.3	25.333 3	−0.869 9	2.935 7	3.059 9	122.945 0	0.553 9
65	112.973 9	25.735 3	−0.880 9	2.879 6	3.009 5	96.834 9	0.645 3
66	115	25.866 7	−0.518 4	3.047 9	3.089 6	100.905 9	0.628 2
67	117.15	34.283 3	−0.523 9	3.847 5	3.880 4	76.694 3	0.714 2
68	120.3	33.75	0.471 4	3.327 7	3.358 6	62.416 0	0.760 6
69	115.733 3	32.866 7	−0.118 8	3.912 6	3.911 7	74.858 8	0.719 0
70	118.9	31.933 3	0.026 4	3.586 4	3.583 9	63.416 0	0.759 8
71	121.45	31.416 7	0.152 4	2.961 8	2.963 5	61.725 9	0.764 0

序号	东经/(°)	北纬/(°)	BIAS/K	STD/K	RMS/K	a_0	a_1
72	116.966 7	30.616 7	−0.368 8	3.289 3	3.307 5	73.865 0	0.720 7
73	120.166 7	30.233 3	−0.147 9	3.246 4	3.247 4	70.733 6	0.733 6
74	115.916 7	28.6	−0.445 7	3.051 9	3.082 0	81.366 7	0.695 7
75	118.866 7	28.966 7	−0.719 5	3.309 7	3.384 6	83.606 0	0.685 9
76	121.416 7	28.616 7	−0.236 8	2.784 4	2.792 4	83.917 7	0.685 2
77	117.466 7	27.333 3	−0.621 5	2.901 1	2.964 8	93.281 0	0.652 7
78	119.283 3	26.083 3	−0.397 4	2.614 5	2.642 6	95.330 5	0.650 2
79	118.083 3	24.483 3	−0.160 8	2.397 9	2.401 5	124.443 8	0.548 9
80	106.6	23.9	0.013 4	2.493 4	2.491 6	116.264 8	0.576 4
81	111.3	23.483 3	−0.330 6	2.158 4	2.182 0	122.821 8	0.554 8
82	113.083 3	23.7	−0.394 4	2.473 4	2.502 8	142.349 7	0.491 2
83	116.666 7	23.35	−0.224 7	2.365 2	2.374 1	122.991 8	0.557 3
84	108.216 7	22.633 3	−0.701 7	2.136 2	2.247 0	139.627 2	0.500 7
85	110.25	20	−0.506 8	2.157 0	2.214 1	124.953 7	0.552 7
86	114.168 6	22.327 2	−0.299 2	2.246 1	2.264 3	151.257 2	0.460 3
87	112.333 3	16.833 3	−0.760 0	2.096 7	2.228 7	198.742 7	0.303 9
88	121.516 7	25.033 3	0.342 8	2.420 2	2.442 5	80.867 4	0.697 9

附表 5　非线性 T_s-T_m 模型系数及其统计量

序号	东经/(°)	北纬/(°)	BIAS/K	STD/K	RMS/K	a_0	a_1	a_2	a_3	a_4
1	119.7	49.25	0.38	3.74	3.76	397	0	−1.08	−15 283.1	0
2	125.233 3	49.166 7	0.31	4.26	4.27	−3 235	−0.01	11.80	32 3649.7	0
3	128.833 3	47.716 7	0.12	3.70	3.70	−4 563	−0.02	16.36	450 081.5	0
4	126.566 7	45.933 3	0.48	3.47	3.51	−1 631	0	5.75	181 349.5	0
5	88.083 3	47.733 3	−0.32	3.73	3.75	−6 470	−0.03	24.06	611 348.8	0
6	81.333 3	43.95	0.27	3.94	3.95	−13 752	−0.06	49.86	1 296 055.9	0
7	87.616 7	43.783 3	−0.16	3.22	3.23	−6935	−0.03	25.94	650 713.3	0
8	82.95	41.716 7	0.21	3.98	3.99	−8 906	−0.04	32.71	841 666.8	0
9	75.75	39.483 3	0.09	3.73	3.73	−11 669	−0.05	41.94	1 116 265.6	0
10	88.166 7	39.033 3	0.14	4.56	4.56	−3 287	−0.01	12.93	310 857.3	0
11	79.933 3	37.133 3	0.25	3.45	3.46	−12 573	−0.05	45.03	1 203 682.6	0
12	82.716 7	37.066 7	0.14	4.02	4.02	−3 036	−0.01	11.77	294 813.1	0
13	93.516 7	42.816 7	−0.04	3.97	3.97	−9 700	−0.04	35.45	917 731.9	0

序号	东经/(°)	北纬/(°)	BIAS /K	STD /K	RMS /K	a_0	a_1	a_2	a_3	a_4
14	101.066 7	41.95	−0.23	4.17	4.17	−6 910	−0.03	26.03	641 824.7	0
15	97.033 3	41.8	−0.02	3.44	3.44	−8157	−0.04	31.28	738 132.8	0
16	94.683 3	40.15	0.05	4.44	4.44	−11 210	−0.05	40.99	1 055 044.5	0
17	98.483 3	39.766 7	−0.17	3.88	3.89	−11 936	−0.05	43.80	1 115 962.6	0
18	103.083 3	38.633 3	−0.10	4.43	4.43	−13 794	−0.06	50.18	1 295 162.6	0
19	94.9	36.416 7	−0.10	3.17	3.17	−14 281	−0.06	52.00	1 337 963.3	0
20	98.1	36.3	−0.33	2.60	2.62	−19 861	−0.09	73.87	18 053 44.9	0
21	101.75	36.716 7	0.13	3.26	3.27	−5 311	−0.02	20.12	497 935.3	0
22	104.15	35.866 7	−0.23	4.03	4.04	−11 227	−0.05	41.44	1 045 040.8	0
23	111.95	43.633 3	−0.33	4.45	4.46	−5 160	−0.02	20.14	468 508.5	0
24	111.566 7	40.85	−0.39	3.69	3.71	−4 275	−0.02	17.25	377 053.7	0
25	107.366 7	40.733 3	−0.04	3.79	3.79	−11 109	−0.05	41.01	1 032 044.3	0
26	106.2	38.466 7	0.13	3.87	3.87	−10 607	−0.05	39.15	987 174.1	0
27	112.576 7	37.620 6	−0.16	4.43	4.43	−23 126	−0.10	84.01	2 149 442.3	0
28	109.45	36.566 7	0.14	4.38	4.38	−22 542	−0.10	81.76	2 100 252.8	0
29	106.666 7	35.55	−0.21	3.34	3.34	−16 398	−0.07	59.93	1 524 381.5	0
30	116.116 7	43.95	−0.06	4.12	4.12	−4722	−0.02	18.17	436 803.9	0
31	122.266 7	43.6	0.04	3.99	3.99	−281	0	1.84	31 552.3	0
32	125.216 7	43.9	0.35	3.31	3.33	1 761	0.01	−5.74	−150 324.6	0
33	118.833 3	42.3	0.08	4.08	4.08	−5 747	−0.03	22.01	524 541.8	0
34	129.5	42.866 7	0.08	4.02	4.02	−7 006	−0.03	26.13	650 750.9	0
35	123.516 7	41.733 3	0.37	5.05	5.06	−11 350	−0.05	41.36	1 065 483.5	0
36	126.883 3	41.8	−0.35	3.66	3.68	−3 568	−0.01	13.48	342 525.3	0
37	116.283 3	39.933 3	−0.30	4.25	4.26	−8 830	−0.04	33.07	809 671.8	0
38	121.633 3	38.9	0.12	3.39	3.40	−6 651	−0.03	25.59	597 294.7	0
39	117.55	36.7	−0.04	2.91	2.91	−2 881	−0.01	11.70	259 285.0	0
40	120.333 3	36.066 7	0.15	3.37	3.37	−5 728	−0.03	23.35	482 667.3	0
41	92.066 7	31.483 3	0.17	4.39	4.39	−14 367	−0.06	51.80	1 357 861.5	0
42	91.133 3	29.666 7	0.15	3.51	3.51	−7 746	−0.03	27.42	762 390.0	0
43	96.95	33	−0.24	3.19	3.19	−16 238	−0.07	59.59	1 503 631.0	0
44	102.9	35	−0.22	3.01	3.02	−17 097	−0.07	62.37	1 590 981.2	0
45	97.166 7	31.15	−0.13	3.37	3.37	−18 640	−0.08	67.32	1 751 008.4	0
46	100	31.616 7	0.47	3.58	3.61	−26 820	−0.11	96.34	2 518 764.8	0
47	103.866 7	30.75	−0.18	2.65	2.66	−48 466	−0.19	169.06	4 662 144.6	0
48	102.266 7	27.9	0.47	2.49	2.53	12 796	0.05	−42.21	−1 252 168	0

序号	东经/(°)	北纬/(°)	BIAS /K	STD /K	RMS /K	a_0	a_1	a_2	a_3	a_4
49	104.283 3	26.866 7	0.34	3.16	3.18	40 211	0.17	−140.85	−3 787 964	0
50	98.505 6	24.984 4	0.11	1.88	1.89	762	0.01	−3.87	0.0	0
51	102.683 3	25.016 7	0	2.24	2.24	201	0	0.09	0.0	0
52	100.983 3	22.766 7	−0.26	2.26	2.28	1340	0.01	−7.56	0.0	0
53	103.327 8	23.444 4	−0.55	2.38	2.44	58	0	1.09	0.0	0
54	113.65	34.716 7	0.36	3.81	3.83	−15 378	−0.06	54.54	1 475 109.8	0
55	107.033 3	33.066 7	0.09	2.69	2.69	−11 831	−0.05	42.95	1 115 651.1	0
56	108.966 7	34.433 3	−0.02	3.54	3.54	−17 075	−0.07	61.34	1 612 994.7	0
57	112.483 3	33.1	0.67	3.44	3.51	−17 701	−0.07	62.85	1 692 026.2	0
58	109.466 7	30.283 3	0.14	2.37	2.38	−18 750	−0.08	67.31	1 770 461.6	0
59	111.366 7	30.733 3	0.18	3.04	3.05	−4 035	−0.02	15.54	376 249.5	0
60	114.05	30.6	−0.08	3.20	3.20	−8 390	−0.03	30.28	806 253.0	0
61	106.4	29.6	−0.15	2.05	2.05	−4 058	−0.02	16.92	342 521.3	0
62	110	27.566 7	−0.44	2.34	2.38	−14 588	−0.06	52.51	1 382 981.1	0
63	106.65	26.483 3	−0.39	2.15	2.19	3 749	0.01	−11.31	−370 105.7	0
64	110.3	25.333 3	−0.54	2.40	2.46	−1 506	−0.01	7.51	117 066.3	0
65	112.973 9	25.735 3	−0.92	2.27	2.45	−5 875	−0.03	22.50	541 484.2	0
66	115	25.866 7	−0.26	2.33	2.34	−5 518	−0.02	20.93	516 522.8	0
67	117.15	34.283 3	0.32	3.39	3.40	−8 094	−0.03	29.87	758 850.7	0
68	120.3	33.75	−0.34	3.43	3.45	1 772	0	−4.31	−190 340.4	0
69	115.733 3	32.866 7	0.42	3.34	3.37	−1368 8	−0.06	49.36	1 293 053.9	0
70	118.9	31.933 3	0.15	3.13	3.14	−6 223	−0.03	23.07	587 586.1	0
71	121.45	31.416 7	−0.15	2.79	2.80	−8 699	−0.04	31.35	833 710.4	0
72	116.966 7	30.616 7	0.01	3.02	3.02	−4 005	−0.02	15.40	374 830.0	0
73	120.166 7	30.233 3	−0.08	2.77	2.77	361	0	0.46	−50 720.3	0
74	115.916 7	28.6	−0.29	2.65	2.67	2 835	0.01	−7.85	−294 111.2	0
75	118.866 7	28.966 7	−0.27	2.59	2.60	−17 576	−0.07	62.20	1 687 617.3	0
76	121.416 7	28.616 7	−0.30	2.59	2.61	3 068	0.01	−9.07	−305 897.7	0
77	117.466 7	27.333 3	−0.53	2.53	2.58	−23 656	−0.09	82.79	2 286 630.4	0
78	119.283 3	26.083 3	−0.60	2.18	2.26	−15 663	−0.07	56.33	1 481 541.6	0
79	118.083 3	24.483 3	−0.31	1.99	2.02	−221	0	2.76	0.0	0
80	106.6	23.9	−0.24	1.98	1.99	−5525	−0.03	22.16	482 218.2	0
81	111.3	23.483 3	−0.32	1.84	1.87	−2 040	−0.01	8.68	188 518.7	0
82	113.083 3	23.7	−0.63	1.95	2.05	−120	0	2.16	0.0	0
83	116.666 7	23.35	−0.36	2.06	2.09	−112	0	2.07	0.0	0

序号	东经/(°)	北纬/(°)	BIAS /K	STD /K	RMS /K	a_0	a_1	a_2	a_3	a_4
84	108.216 7	22.633 3	−0.88	2.14	2.31	−160	0	2.48	0.0	0
85	110.25	20	−0.35	1.93	1.96	−697	−0.01	6.09	0.0	0
86	114.168 6	22.327 2	−0.27	1.97	1.99	−400	−0.01	4.07	0.0	0
87	112.333 3	16.833 3	−0.62	2.01	2.10	−2 623	−0.03	18.97	0.0	0
88	121.516 7	25.033 3	−0.06	1.97	1.98	−5 455	−0.03	21.86	473 274.2	0

附表 6　T_m 垂直递减系数模型常数项参数和周期项参数

序号	东经/(°)	北纬/(°)	b_0	b_1	b_2	b_3	b_4
1	119.7	49.25	−0.004 98	0.001 19	0.000 187	0.000 38	0.000 12
2	125.233 3	49.166 7	−0.004 95	0.001 422	0.000 234	0.000 349	9.33E−05
3	128.833 3	47.716 7	−0.004 89	0.001 423	0.000 24	0.000 429	0.000 14
4	126.566 7	45.933 3	−0.005 07	0.001 314	0.000 237	0.000 434	0.000 169
5	88.083 3	47.733 3	−0.005 66	0.000 911	9.61E−05	0.000 156	9.52E−06
6	81.333 3	43.95	−0.005 95	0.000 442	−7.70E−06	0.000 169	6.10E−05
7	87.616 7	43.783 3	−0.005 65	0.000 503	1.65E−05	0.000 209	0.000 174
8	82.95	41.716 7	−0.005 9	0.000 313	−3.32E−05	0.000 293	0.000 182
9	75.75	39.483 3	−0.005 87	0.000 163	−6.08E−05	0.000 286	0.000 205
10	88.166 7	39.033 3	−0.005 64	0.000 202	−0.000 11	0.000 293	0.000 277
11	79.933 3	37.133 3	−0.005 68	−5.12E−05	−0.000 23	0.000 311	0.000 302
12	82.716 7	37.066 7	−0.005 67	−3.41E−05	−0.000 23	0.000 287	0.000 307
13	93.516 7	42.816 7	−0.005 73	0.000 455	2.78E−06	0.000 252	0.000 179
14	101.066 7	41.95	−0.005 59	0.000 484	1.56E−05	0.000 241	0.000 2
15	97.033 3	41.8	−0.005 63	0.000 334	−2.79E−05	0.000 202	0.000 232
16	94.683 3	40.15	−0.005 68	0.000 195	−7.01E−05	0.000 236	0.000 221
17	98.483 3	39.766 7	−0.005 67	8.87E−05	−6.48E−05	0.000 205	0.000 231
18	103.083 3	38.633 3	−0.005 62	0.000 187	−2.16E−05	0.000 176	0.000 224
19	94.9	36.416 7	−0.005 61	−0.000 19	−0.000 25	0.000 2	0.000 225
20	98.1	36.3	−0.005 66	−1.68E−05	−0.000 27	0.000 205	0.000 2
21	101.75	36.716 7	−0.005 69	−0.000 14	−0.000 17	0.000 217	0.000 256
22	104.15	35.866 7	−0.005 65	−0.000 14	−0.000 16	0.000 16	0.000 213
23	111.95	43.633 3	−0.005 36	0.000 946	0.000 16	0.000 349	0.000 205
24	111.566 7	40.85	−0.005 59	0.000 599	7.95E−05	0.000 281	0.000 226
25	107.366 7	40.733 3	−0.005 7	0.000 483	−7.35E−05	0.000 266	0.000 269

序号	东经/(°)	北纬/(°)	b_0	b_1	b_2	b_3	b_4
26	106.2	38.466 7	−0.005 63	0.000 251	−6.02E-05	0.000 191	0.000 249
27	112.576 7	37.620 6	−0.005 53	0.000 296	−5.64E-05	0.000 232	0.000 251
28	109.45	36.566 7	−0.005 46	0.000 199	−0.00 011	0.000 159	0.000 217
29	106.666 7	35.55	−0.005 44	2.02E-06	−0.000 18	0.000 152	0.000 166
30	116.116 7	43.95	−0.005 33	0.001 05	0.000 185	0.000 328	0.000 171
31	122.266 7	43.6	−0.005 16	0.001 047	0.000 105	0.000 423	0.000 242
32	125.216 7	43.9	−0.005 39	0.000 887	0.000 138	0.000 341	0.000 203
33	118.833 3	42.3	−0.005 05	0.000 996	0.000 188	0.000 43	0.000 275
34	129.5	42.866 7	−0.005 22	0.000 817	3.44E-05	0.000 418	0.000 255
35	123.516 7	41.733 3	−0.005 4	0.000 633	7.21E-06	0.000 318	0.000 281
36	126.883 3	41.8	−0.005 39	0.000 487	5.09E-05	0.000 246	0.000 294
37	116.283 3	39.933 3	−0.005 37	0.000 352	−0.000 14	0.000 205	0.000 247
38	121.633 3	38.9	−0.005 38	0.000 281	−7.15E-05	0.000 186	0.000 232
39	117.55	36.7	−0.006 03	−0.000 26	−0.000 2	0.0003 16	0.000 173
40	120.333 3	36.066 7	−0.005 86	−0.000 24	−0.000 25	0.000 322	0.000 128
41	92.066 7	31.483 3	−0.005 76	−0.000 18	−0.000 32	0.000 329	0.000 155
42	91.133 3	29.666 7	−0.005 59	−0.000 18	−0.000 23	0.000 241	0.000 184
43	96.95	33	−0.005 59	−9.91E-05	−0.000 34	0.000 32	8.17E-05
44	102.9	35	−0.005 33	−0.000 23	−0.000 34	0.000 276	4.33E-05
45	97.1667	31.15	−0.004 85	−2.99E-06	−0.000 25	0.000 193	3.58E-05
46	100	31.616 7	−0.005 32	−0.000 23	−0.000 24	0.000 233	7.49E-05
47	103.866 7	30.75	−0.005 38	−0.000 17	−0.000 22	0.0002 63	8.09E-05
48	102.266 7	27.9	−0.005 22	−0.000 25	−0.000 18	0.000 236	5.66E-05
49	104.283 3	26.866 7	−0.005 49	−0.000 36	−0.000 29	0.000 216	8.45E-05
50	98.505 6	24.984 4	−0.005 24	−0.000 32	−0.000 25	0.000 18	5.53E-05
51	102.683 3	25.016 7	−0.005 19	−0.000 22	−0.000 26	0.000 197	3.70E-05
52	100.983 3	22.766 7	−0.005 23	0.000 281	−0.000 2	0.000 157	0.000 166
53	103.327 8	23.444 4	−0.005 15	2.20E-06	−0.000 25	0.000 15	9.67E-05
54	113.65	34.716 7	−0.005 25	0.000 184	−0.000 2	0.000 162	0.000 128
55	107.033 3	33.066 7	−0.005 11	0.000 215	−0.000 2	0.000 153	9.76E-05
56	108.966 7	34.433 3	−0.005	9.73E-05	−0.000 17	0.000 193	4.07E-05
57	112.483 3	33.1	−0.004 84	0.000 246	−0.000 16	0.000 168	3.88E-05
58	109.466 7	30.283 3	−0.004 8	0.000 311	−0.000 16	0.000 221	5.24E-05
59	111.366 7	30.733 3	−0.004 95	0.0001 19	−0.000 18	0.000 216	6.23E-06
60	114.05	30.6	−0.004 79	0.000 303	−7.68E-05	0.000 223	7.99E-06
61	106.4	29.6	−0.005 03	4.92E-05	−0.000 21	0.000 261	4.94E-05

序号	东经/(°)	北纬/(°)	b_0	b_1	b_2	b_3	b_4
62	110	27.566 7	−0.004 81	0.000 268	−4.93E−05	0.000 234	2.59E−05
63	106.65	26.483 3	−0.004 75	0.000 395	−5.62E−05	0.000 233	1.47E−05
64	110.3	25.333 3	−0.004 75	0.000 34	−1.55E−05	0.000 212	3.56E−05
65	112.973 9	25.735 3	−0.005 22	0.000 265	−0.000 19	0.000 18	0.000 177
66	115	25.866 7	−0.005 21	0.000 25	−9.44E−05	0.000 17	0.000 176
67	117.15	34.283 3	−0.005 12	0.000 258	−0.000 18	0.000 186	0.000 109
68	120.3	33.75	−0.004 97	0.000 31	−0.000 13	0.000 195	8.53E−05
69	115.733 3	32.866 7	−0.004 9	0.000 276	−5.06E−05	0.000 171	8.57E−05
70	118.9	31.933 3	−0.004 93	0.000 321	−0.000 11	0.0002 37	6.73E−05
71	121.45	31.416 7	−0.004 91	0.000 349	−7.19E−05	0.000 2	5.44E−05
72	116.966 7	30.616 7	−0.004 86	0.0003 58	−5.19E−05	0.000 238	3.43E−05
73	120.166 7	30.233 3	−0.004 89	0.000 326	−3.26E−05	0.000 218	5.27E−05
74	115.916 7	28.6	−0.004 84	0.000 328	3.29E−05	0.000 185	3.09E−05
75	118.866 7	28.966 7	−0.004 89	0.000 301	−5.91E−06	0.000 232	4.23E−05
76	121.416 7	28.616 7	−0.004 85	0.000 31	5.74E−05	0.000 147	4.08E−05
77	117.466 7	27.333 3	−0.004 95	0.000 257	6.92E−05	0.000 122	4.68E−05
78	119.283 3	26.083 3	−0.004 98	7.87E−05	−0.000 15	0.000 217	5.51E−05
79	118.083 3	24.483 3	−0.004 89	0.000 194	−4.26E−05	0.000 199	2.91E−05
80	106.6	23.9	−0.004 77	0.000 252	−3.68E−05	0.000 189	5.72E−06
81	111.3	23.483 3	−0.004 93	0.000 282	6.21E−05	0.000 127	7.30E−05
82	113.083 3	23.7	−0.004 89	0.000 153	−0.000 12	0.000 209	2.25E−05
83	116.666 7	23.35	−0.005 11	0.000 101	−0.000 12	0.000 201	6.74E−05
84	108.216 7	22.633 3	−0.005 16	7.34E−05	−2.43E−05	9.81E−05	2.77E−05
85	110.25	20	−0.005 29	−1.57E−05	−0.000 12	0.000 142	6.60E−05
86	114.168 6	22.327 2	−0.005 01	0.000 192	0.000 11	0.000 106	9.91E−05
87	112.333 3	16.833 3	−0.005 2	0.001 123	0.000 205	0.000 361	0.000 192
88	121.516 7	25.033 3	−0.005 02	0.000 9	9.19E−05	0.000 407	0.000 292

参 考 文 献

[1] 姚瑶,施杨.大气环境污染监测及环境保护举措分析[J].环境与发展,2020,32(8):164.

[2] 谭星宇,解振华.为应对气候变化贡献中国智慧[J].中国报道,2017(12):40-41.

[3] 孟昊霆.地基 GNSS 反演大气可降水量与无气象参数对流层延迟改正模型研究[D].徐州:中国矿业大学,2020.

[4] 肖瑶.利用小波变换对暴雨过程中 GNSS 气象要素的研究[J].现代农业研究,2020,26(7):108-109.

[5] 刘红武,李振,唐林,等.2018 年 12 月湖南极端低温暴雪环流特征及成因分析[J].暴雨灾害,2020,39(5):487-495.

[6] 周永江,姚宜斌,颜笑,等.融合 GNSS 气象参数的 BP 神经网络雾霾预测研究[J].大地测量与地球动力学,2019,39(11):1148-1152.

[7] LIU Z Z,CHEN B Y,CHAN S T,et al. Analysis and modelling of water vapour and temperature changes in Hong Kong using a 40-year radiosonde record:1973-2012[J]. International Journal of Climatology,2015,35(3):462-474.

[8] WANG J G,WU Z L,SEMMLING M,et al. Retrieving precipitable water vapor from shipborne multi-GNSS observations[J]. Geophysical Research Letters,2019,46(9):5000-5008.

[9] JONES J,GUEROVA G,DOUŠA J,et al. Advanced GNSS Tropospheric Products for Monitoring Severe Weather Events and Climate:COST Action ES1206 Final Action Dissemination Report[M]. Cham:Springer,2020.

[10] CHEN B Y,LIU Z Z. Analysis of precipitable water vapor (PWV) data derived from multiple techniques:GPS,WVR,radiosonde and NHM in Hong Kong:第五届中国卫星导航学术年会论文集-S1 北斗/GNSS 导航应用[C]. 南京:中国卫星导航学术年会组委会,2014:159-175.

[11] BOONE C D,WALKER K A,BERNATH P F. Speed-dependent Voigt profile for water vapor in infrared remote sensing applications[J]. Journal of Quantitative Spectroscopy and Radiative Transfer,2007,105(3):525-532.

[12] BEVIS M,BUSINGER S,HERRING T A,et al. GPS meteorology:remote sensing of atmospheric water vapor using the global positioning system[J]. Journal of Geophysical Research:Atmospheres,1992,97(D14):15787-15801.

[13] 李征航,徐晓华.全球定位系统(GPS)技术的最新进展第六讲 GPS 气象学[J].测绘信息与工程,2003,28(2):29-33.

[14] ADEYEMI B,JOERG S. Analysis of water vapor over Nigeria using radiosonde and satellite data[J]. Journal of Applied Meteorology and Climatology,2012,51(10):1855-1866.

[15] 范士杰.GPS 海洋水汽信息反演及三维层析研究[D].武汉:武汉大学,2013.

[16] 宋淑丽,朱文耀,丁金才,等.上海 GPS 综合应用网对可降水汽量的实时监测及其改进数值预报初始场的试验[J].地球物理学报,2004,47(4):631-638.

[17] 申建华.地基 GPS 水汽反演方法及影响因素研究[D].淮南:安徽理工大学,2018.

[18] 薛骐.地基 GPS 水汽反演及水汽层析研究[D].成都:西南交通大学,2017.

[19] 江鹏.地基 GNSS 探测 2D/3D 大气水汽分布技术研究[D].武汉:武汉大学,2014.

[20] 朱雅毓.地基微波辐射计数据的综合质量控制与效果分析[D].南京:南京信息工程大学,2014.

[21] 侯叶叶.地基微波辐射计的精度分析和资料同化试验[D].南京:南京信息工程大学,2016.

[22] 何卓琪,梁建茵,温之平,等.被动式微波遥感技术发展及其对汽/液态水物理参数反演的研究进展[J].热带气象学报,2012,28(4):443-450.

[23] 陈俊勇.地基 GPS 遥感大气水汽含量的误差分析[J].测绘学报,1998,27(2):113-118.

[24] 李建国,毛节泰,李成才,等.使用全球定位系统遥感水汽分布原理和中国东部地区加权"平均温度"的回归分析[J].气象学报,1999,57(3):283-292.

[25] 宋淑丽,朱文耀,程宗颐,等.GPS 信号斜路径方向水汽含量的计算方法[J].天文学报,2004,45(3):338-346.

[26] 丁金才,黄炎,叶其欣,等.2002 年台风 Ramasun 影响华东沿海期间可降水量的 GPS 观测和分析[J].大气科学,2004,28(4):613-624.

[27] 曹云昌,方宗义,夏青.轨道误差对近实时 GPS 遥感水汽的影响研究[J].气象科技,2004,32(4):229-232.

[28] 张小红,朱锋,李盼,等.区域 CORS 网络增强 PPP 天顶对流层延迟内插建模[J].武汉大学学报·信息科学版,2013,38(6):679-683.

[29] ADAMS D K,FERNANDES R M S,MAIA J M F. GNSS precipitable water vapor from an Amazonian rain forest flux tower[J]. Journal of Atmospheric and Oceanic Technology,2011,28(10):1192-1198.

[30] 韩阳.基于精密单点定位技术的大气水汽反演方法研究[D].郑州:解放军信息工程大学,2017.

[31] 张双成,叶世榕,万蓉,等.基于 Kalman 滤波的断层扫描初步层析水汽湿折射率分布[J].武汉大学学报·信息科学版,2008,33(8):796-799.

[32] 刘盼,刘智敏,张明敏,等.不同 IGS 星历产品对地基 GPS 反演水汽的影响[J].测绘科学,2018,43(12):17-22.

[33] ASKNE J,NORDIUS H. Estimation of tropospheric delay for microwaves from surface weather data[J]. Radio Science,1987,22(3):379-386.

[34] TRALLI D M,LICHTEN S M. Stochastic estimation of tropospheric path delays in global positioning system geodetic measurements[J]. Bulletin Géodésique,1990,64(2):127-159.

[35] TRALLI D M,DIXON T H,STEPHENS S A. Effect of wet tropospheric path delays on estimation of geodetic baselines in the Gulf of California using the Global Positioning System[J]. Journal of Geophysical Research Solid Earth,1988,93(B6):6545.

[36] TRALLI D M,LICHTEN S M,HERRING T A. Comparison of Kalman filter estimates of zenith atmospheric path delays using the Global Positioning System and very long baseline interferometry[J]. Radio Science,1992,27(6):999-1007.

[37] BRAUN J,ROCKEN C,LILJEGREN J. Comparisons of line-of-sight water vapor observations using the global positioning system and a pointing microwave radiometer[J]. Journal of Atmospheric and Oceanic Technology,2003,20(5):606-612.

[38] EMARDSON T R,ELGERED G,JOHANSSON J M. Three months of continuous monitoring of atmospheric water vapor with a network of Global Positioning System receivers[J]. Journal of Geophysical Research:Atmospheres,1998,103(D2):1807-1820.

[39] WOLFE D E,GUTMAN S I. Developing an operational,surface-based,GPS,water vapor observing system for NOAA:network design and results[J]. Journal of Atmospheric and Oceanic Technology,1999,17(4):426-440.

[40] ROCKEN C,HOVE T V,JOHNSON J,et al. GPS/STORM—GPS sensing of atmospheric water vapor for meteorology[J]. Journal of Atmospheric and Oceanic Technology,1995,12(3):468-478.

[41] BYUN S H,BAR-SEVER YE. A new type of troposphere zenith path delay product of the international GNSS service[J]. Journal of Geodesy,2009,83(3/4):1-7.

[42] 陈俊勇.地基 GPS 遥感大气水汽含量的误差分析[J].测绘学报,1998,27(2):113-118.

[43] 李成才,毛节泰,李建国,等.全球定位系统遥感水汽总量[J].科学通报,1999,44(3):333-336.

[44] 毕研盟,毛节泰,李成才,等.利用 GPS 的倾斜路径观测暴雨过程中的水汽空间分布[J].大气科学,2006,30(6):1169-1176.

[45] 宋淑丽,朱文耀,丁金才,等.上海 GPS 网层析水汽三维分布改善数值预报湿度场[J].科学通报,2005,50(20):2271-2277.

[46] 丁金才,叶其欣.长江三角洲地区近实时 GPS 气象网[J].气象,2003,29(6):26-30.

[47] 丁金才.GPS 气象学及其应用[M].北京:气象出版社,2009.

[48] 李国平,黄丁发,刘碧全.成都地区地基 GPS 观测网遥感大气可降水量的初步试验[J].武汉大学学报·信息科学版,2006,31(12):1086-1089.

［49］徐韶光.利用 GNSS 获取动态可降水量的理论与方法研究［D］.成都:西南交通大学,2014.

［50］曹云昌,方宗义,夏青.GPS 遥感的大气可降水量与局地降水关系的初步分析［J］.应用气象学报,2005,16(1):54-59.

［51］曹云昌,陈永奇,李炳华,等.利用地基 GPS 测量大气水汽廓线的方法［J］.气象科技,2006,34(3):241-245.

［52］ROCKEN C,WARE R,VANHOVE T,et al. Sensing atmospheric water vapor with the global positioning system［J］. Geophysical Research Letters, 1993, 20 (23): 2631-2634.

［53］YUAN Y B,ZHANG K F,ROHM W,et al. Real-time retrieval of precipitable water vapor from GPS precise point positioning［J］. Journal of Geophysical Research:Atmospheres,2014,119(16):10044-10057.

［54］LU C X,LI X X,NILSSON T,et al. Real-time retrieval of precipitable water vapor from GPS and BeiDou observations［J］. Journal of Geodesy,2015,89(9):843-856.

［55］LI X X,ZUS F,LU C X,et al. Retrieving of atmospheric parameters from multi-GNSS in real time:validation with water vapor radiometer and numerical weather model［J］. Journal of Geophysical Research:Atmospheres,2015,120(14):7189-7204.

［56］张小红,李星星,李盼.GNSS 精密单点定位技术及应用进展［J］.测绘学报,2017,46(10):1399-1407.

［57］李梦昊.基于混合编程的实时精密单点定位方法及实现［D］.青岛:国家海洋局第一海洋研究所,2018.

［58］黄丰胜.北斗实时精密单点定位与质量控制算法研究［D］.西安:中国科学院大学(中国科学院国家授时中心),2017.

［59］肖厦.基于北斗广域实时差分系统的 PPP 定位技术研究［D］.西安:中国科学院大学(中国科学院国家授时中心),2017.

［60］代桃高.GNSS 精密卫星钟差实时解算及实时精密单点定位方法研究［D］.郑州:解放军信息工程大学,2017.

［61］LI X X,DICK G,GE M R,et al. Real-time GPS sensing of atmospheric water vapor:precise point positioning with orbit,clock,and phase delay corrections［J］. Geophysical Research Letters,2014,41(10):3615-3621.

［62］王敏,柴洪洲,谢恺,等.基于 CNES 实时轨道钟差数据反演大气可降水量［J］.大地测量与地球动力学,2013,33(1):137-140.

［63］LU C X,LI X X,GE M R,et al. Estimation and evaluation of real-time precipitable water vapor from GLONASS and GPS［J］. GPS Solutions,2016,20(4):703-713.

［64］LU C X,LI X X,NILSSON T,et al. Real-time retrieval of precipitable water vapor from GPS and BeiDou observations［J］. Journal of Geodesy,2015,89(9):843-856.

［65］LU C X,CHEN X H,LIU G,et al. Real-time tropospheric delays retrieved from multi-GNSS observations and IGS real-time product streams[J]. Remote Sensing, 2017,9(12):1317.

[66] LI X X,DICK G,LU C X,et al. Multi-GNSS meteorology:real-time retrieving of atmospheric water vapor from BeiDou,Galileo,GLONASS,and GPS observations[J]. IEEE Transactions on Geoscience and Remote Sensing,2015,53(12):6385-6393.

[67] SHOJI Y,SATO K,YABUKI M,et al. Comparison of shipborne GNSS-derived precipitable water vapor with radiosonde in the western North Pacific and in the seas adjacent to Japan[J]. Earth,Planets and Space,2017,69:153.

[68] LI X X,TAN H,LI X,et al. Real-time sensing of precipitable water vapor from BeiDou observations:Hong Kong and CMONOC networks[J]. Journal of Geophysical Research:Atmospheres,2018,123(15):7897-7909.

[69] LU C X,FENG G L,ZHENG Y X,et al. Real-time retrieval of precipitable water vapor from Galileo observations by using the MGEX network[J]. IEEE Transactions on Geoscience and Remote Sensing,2020,58(7):4743-4753.

[70] SUN P,ZHANG K F,WU S Q,et al. An investigation into real-time GPS/GLONASS single-frequency precise point positioning and its atmospheric mitigation strategies [J]. Measurement Science and Technology,2021, 32(11):115018.

[71] 李春华,单弘煜,蔡成林,等. 一种高精度 GNSS 事后处理软件设计及其应用:第九届中国卫星导航学术年会论文集-S05 精密定位技术[C]. 哈尔滨:中国卫星导航学术年会组委会,2018:39-48.

[72] 马飞虎,饶志强,孙喜文,等. GAMIT/GLOBK 软件在高精度 GPS 数据处理中的应用 [J]. 北京测绘,2017(4):19-22.

[73] DACH R, ANDRITSCHF, ARNOLDD, et al. Bernese GNSS software version 5. 2 [M]. [S. l.]:Astronomical Institute,University of Bern,2015.

[74] 顾大光,田力伟. 应用 PANDA 软件进行高精度 GPS 数据处理[J]. 建筑与预算,2014 (6):84-87.

[75] COLLINS J P, LANGLEY R B. A tropospheric delay model for the user of the wide area augmentation system[C]. [S. l. :s. n.], 1997.

[76] COLLINS J P, LANGLEY R B. The residual tropospheric propagation delay:How bad can it get:International Technical Meeting of the Satellite Division of the Institute of Navigation, Nashville,Tennessee, 15-18 September, 1998 [C] . [S. l. :s. n.]: 1998:1-10.

[77] COLLINS J P,LANGLEY R B. Nominal and extreme error performance of the UNB$_3$ tropospheric delay model[J]. Department of Geodesy and Geomatics Engineering, University of New Brunswick. 1999.

[78] LEANDRO R, SANTOS M, LANGLEY R B. UNB neutral atmosphere models:development and performance:Proceedings of the national technical meeting of the in-

stitute of navigation[C]. [S. l. :s. n.],2006:564-573.

[79] KRUEGER E, SCHUELER T，HEIN G W，et al. Galileo tropospheric correction approaches developed within GSTB-V1[C].[S. l.],Proc. ENC-GNSS, 2004:1619.

[80] SCHÜLER T. The TropGrid2 standard tropospheric correction model[J]. GPS Solutions,2014,18(1):123-131.

[81] BOEHM J,HEINKELMANN R,SCHUH H. Short Note:a global model of pressure and temperature for geodetic applications[J]. Journal of Geodesy, 2007, 81 (10): 679-683.

[82] LAGLER K,SCHINDELEGGER M,BÖHM J,et al. GPT2:Empirical slant delay model for radio space geodetic techniques[J]. Geophysical Research Letters,2013,40 (6):1069-1073.

[83] BÖHM J,MÖLLER G,SCHINDELEGGER M,et al. Development of an improved empirical model for slant delays in the troposphere (GPT2w)[J]. GPS Solutions, 2015,19(3):433-441.

[84] LANDSKRON D,BÖHM J. VMF3/GPT3:refined discrete and empirical troposphere mapping functions[J]. Journal of Geodesy,2018,92(4):349-360.

[85] MATEUS P,CATALÃO J,MENDES V B,et al. An ERA5-based hourly global pressure and temperature (HGPT) model[J]. Remote Sensing,2020,12(7):1098.

[86] SUN Z Y,ZHANG B,YAO Y B. An ERA5-based model for estimating tropospheric delay and weighted mean temperature over China with improved spatiotemporal resolutions[J]. Earth and Space Science,2019,6(10):1926-1941.

[87] 宋淑丽,朱文耀,陈钦明,等.中国区域对流层延迟改正模型(SHAO)的初步建立:第一届中国卫星导航学术年会论文集[C]. 北京:中国卫星导航学术年会组委会,2010: 557-556.

[88] 赵静旸,宋淑丽,陈钦明,等.基于垂直剖面函数式的全球对流层天顶延迟模型的建立[J].地球物理学报,2014,57(10):3140-3153.

[89] YAO Y,XU C,SHI J,et al. ITG:anew global GNSS tropospheric correction model [J]. Scientific Reports,2015,5:10273.

[90] 李薇,袁运斌,欧吉坤,等.全球对流层天顶延迟模型IGGtrop的建立与分析[J].科学通报,2012,57(15):1317-1325.

[91] 姚宜斌,何畅勇,张豹,等.一种新的全球对流层天顶延迟模型GZTD[J].地球物理学报,2013,56(7):2218-2227.

[92] YAO Y B,HU Y F,YU C,et al. An improved global zenith tropospheric delay model GZTD2 considering diurnal variations[J]. Nonlinear Processes in Geophysics,2016, 23(3):127-136.

[93] 丁茂华.GNSS对流层湿延迟及其加权平均温度研究[D].南京:东南大学,2018.

[94] 丁茂华,胡伍生.一种优化的基于神经网络的经验ZTD模型[J].测绘通报,2017(1):

22-25.

[95] 姚宜斌,郭健健,张豹,等.湿延迟与可降水量转换系数的全球经验模型[J].武汉大学学报·信息科学版,2016,41(1):45-51.

[96] 孟昊霆,张克非,杨震,等.GPT2/GPT2w＋Saastamoinen 模型 ZTD 估计的亚洲地区精度分析[J].测绘科学,2020,45(8):70-76.

[97] 刘晓阳.地基 GNSS 水汽探测关键参量研究[D].徐州:中国矿业大学,2020.

[98] 朱明晨,胡伍生,王来顺.GPT2w 模型在中国区域的精度检验与分析[J].武汉大学学报·信息科学版,2019,44(9):1304-1311.

[99] DING J S,CHEN J P. Assessment of empirical troposphere model GPT3 based on NGL′s global troposphere products[J]. Sensors,2020,20(13):3631.

[100] 杨慧君,冯克明,谢淑香,等.基于 BP 神经网络的 GPT2w 改进模型及全球精度分析[J].系统工程与电子技术,2019,41(3):500-508.

[101] SUN P,WU S Q,ZHANG K F,et al. A new global grid-based weighted mean temperature model considering vertical nonlinear variation[J]. Atmospheric Measurement Techniques,2021,14(3):2529-2542.

[102] LI L J,WU S Q,ZHANG K F,et al. A new zenith hydrostatic delay model for real-time retrievals of GNSS-PWV[J]. Atmospheric Measurement Techniques,2021,14(10):6379-6394.

[103] ROSS R J,ROSENFELD S. Estimating mean weighted temperature of the atmosphere for Global Positioning System applications[J]. Journal of Geophysical Research:Atmospheres,1997,102(D18):21719-21730.

[104] 狄利娟,李星光,郑南山.徐州地区加权平均温度模型研究[J].导航定位学报,2015,3(2):81-84.

[105] 王建敏,董宏祥,李亚博,等.东北地区加权平均温度模型研究[J].测绘与空间地理信息,2018,41(10):63-66.

[106] LI L,WU S Q,WANG X M,et al. Seasonal multifactor modelling of weighted-mean temperature for ground-based GNSS meteorology in Hunan,China[J]. Advances in Meteorology,2017,2017:3782687.

[107] LI L,WU S Q,WANG X M,et al. Modelling of weighted-mean temperature using regional radiosonde observations in Hunan China[J]. Terrestrial,Atmospheric and Oceanic Sciences,2018,29(2):187-199.

[108] 孙天红,高志钰,蒋玉祥.银川地区加权平均温度模型的建立及精度分析[J].导航定位学报,2020,8(4):80-84.

[109] 邹玉学,岳迎春,叶涛,等.吉林地区非线性大气加权平均温度模型[J].导航定位学报,2020,8(4):74-79.

[110] 李宏达,张显云,王晓红,等.贵州局地大气加权平均温度模型的建立与精度分析[J].大地测量与地球动力学,2020,40(5):496-501.

[111] 谢劲峰,李国弘,周志浩,等. 广西非气象参数 T_m 模型研究[J]. 大地测量与地球动力学,2020,40(4):386-390.

[112] 姚宜斌,刘劲宏,张豹,等. 地表温度与加权平均温度的非线性关系[J]. 武汉大学学报 · 信息科学版,2015,40(1):112-116.

[113] WANG X M,ZHANG K F,WU S Q,et al. Water vapor-weighted mean temperature and its impact on the determination of precipitable water vapor and its linear trend [J]. Journal of Geophysical Research:Atmospheres,2016,121(2):833-852.

[114] WANG S M,XU T H,NIE W F,et al. Establishment of atmospheric weighted mean temperature model in the polar regions[J]. Advances in Space Research,2020,65 (1):518-528.

[115] ZHANG K F,MANNING T,WU S Q,et al. Capturing the signature of severe weather events in Australia using GPS measurements[J]. IEEE Journal of Selected Topics in Applied Earth Observations and Remote Sensing,2015,8(4):1839-1847.

[116] KUO Y H,GUO Y R,WESTWATER E R. Assimilation of precipitable water measurements into a mesoscale numerical model[J]. Monthly Weather Review,1993,121 (4):1215-1238.

[117] SMITH T L,BENJAMIN S G,SCHWARTZ B E,et al. Using GPS-IPW in a 4-D data assimilation system[J]. Earth,Planets and Space,2000,52(11):921-926.

[118] GUTMAN S I,SAHM S R,BENJAMIN S G,et al. Rapid retrieval and assimilation of ground based GPS precipitable water observations at the NOAA forecast systems laboratory:impact on weather forecasts(1. Ground-Based GPS Meteorology)[J]. Journal of the Meteorological Society of Japan,2004,82(1B):351-360.

[119] CUCURULL L,VANDENBERGHE F,BARKER D,et al. Three-dimensional variational data assimilation of ground-based GPS ZTD and meteorological observations during the 14 December 2001 storm event over the western Mediterranean Sea[J]. Monthly Weather Review,2004,132(3):749-763.

[120] VEDEL H,HUANG X Y,HAASE J,et al. Impact of GPS zenith tropospheric delay data on precipitation forecasts in Mediterranean France and Spain[J]. Geophysical Research Letters,2004,31(2):L02102.

[121] FACCANI C,FERRETTI R,PACIONE R,et al. Impact of a high density GPS network on the operational forecast[J]. Advances in Geosciences,2005,2:73-79.

[122] IWABUCHI T, ROCKEN C, LUKES Z, et al. PPP and network true real-time 30 sec estimation of ZTD in dense and giant regional GPS network and the application of ZTD for nowcasting of heavy rainfall:Proceedings of the 19th International Technical Meeting of the Satellite Division of The Institute of Navigation ,September26-29, 2006 ,Fort Worth, TX[C]. Houston:ION,2006:1902-1909.

[123] LUO X G,MAYER M,et al. Extended neutrospheri c modelling for the gnss-based

determination of high-resolution atmospheric water vapour fields[J]. Boletim De Ciencias Geodesicas,2008,14:149-170.

[124] PUVIARASAN N,GIRI R K,RANALKAR M. Precipitable water vapour monitoring using ground based GPS system[J]. MAUSAM,2010,61(2):203-212.

[125] IWABUCHI T, ROCKEN C, WADA A, et al. True real-time slant tropospheric delay monitoring system with site dependent multipath filtering:Proceedings of the 24th International Technical Meeting of the Satellite Division of The Institute of Navigation,Portland, OR, September 2011[C]. Houston:ION,2011:579-587.

[126] SACHAN A. Forecasting of rainfall using ANN,GPS and mteorological data:International Conference for Convergence for Technology-2014,April 6-8,2014,Pune,India[C]. [S. l.]:IEEE,2014:1-4.

[127] SHI J B,XU C Q,GUO J M,et al. Real-time GPS precise point positioning-based precipitable water vapor estimation for rainfall monitoring and forecasting[J]. IEEE Transactions on Geoscience and Remote Sensing,2015,53(6):3452-3459.

[128] WANG H,HE J X,WEI M,et al. Synthesis analysis of one severe convection precipitation event in Jiangsu using ground-based GPS technology[J]. Atmosphere,2015, 6(7):908-927.

[129] CAO Y J,GUO H,LIAO R W,et al. Analysis of water vapor characteristics of regional rainfall around Poyang Lake using ground-based GPS observations[J]. Acta Geodaetica et Geophysica,2016,51(3):467-479.

[130] HOU X W,ZHANG S C,HE Z X,et al. Analysis of GPS for monitoring rain and snow weather:China Satellite Navigation Conference (CSNC) 2017 Proceedings Volume I[C]. New Delphi:Springer,2017:347-355.

[131] 李黎,匡翠林,朱建军,等.基于实时精密单点定位技术的暴雨短临预报[J].地球物理学报,2012,55(4):1129-1136.

[132] 葛玉辉,熊永良,陈志胜,等.基于小波神经网络的 GPS 可降水量预测研究[J].测绘科学,2015,40(9):28-32.

[133] ZHAO Q Z,YAO Y B,YAO W Q. GPS-based PWV for precipitation forecasting and its application to a typhoon event[J]. Journal of Atmospheric and Solar-Terrestrial Physics,2018,167:124-133.

[134] ZHAO Q Z,YAO Y B,YAO W Q,et al. Real-time precise point positioning-based zenith tropospheric delay for precipitation forecasting[J]. Scientific Reports,2018, 8(1):7939.

[135] LI H B,WANG X M,ZHANG K F,et al. A neural network-based approach for the detection of heavy precipitation using GNSS observations and surface meteorological data[J]. Journal of Atmospheric and Solar-Terrestrial Physics,2021,225:105763.

[136] LI H B,WANG X M,WU S Q,et al. An improved model for detecting heavy precip-

itation using GNSS-derived zenith total delay measurements[J]. IEEE Journal of Selected Topics in Applied Earth Observations and Remote Sensing, 2021, 14: 5392-5405.

[137] LI H B, WANG X M, WU S Q, et al. A new method for determining an optimal diurnal threshold of GNSS precipitable water vapor for precipitation forecasting[J]. Remote Sensing, 2021, 13(7): 1390.

[138] LI H B, WANG X M, CHOY S, et al. Detecting heavy rainfall using anomaly-based percentile thresholds of predictors derived from GNSS-PWV[J]. Atmospheric Research, 2022, 265: 105912.

[139] BONAFONI S, BIONDI R, BRENOT H, et al. Radio occultation and ground-based GNSS products for observing, understanding and predicting extreme events: a review[J]. Atmospheric Research, 2019, 230: 104624.

[140] FERREIRA V G, MONTECINO H C, NDEHEDEHE C E, et al. Space-based observations of crustal deflections for drought characterization in Brazil[J]. Science of the Total Environment, 2018, 644: 256-273.

[141] LIU J C, ZHONG W, LIU S, et al. Allocation difference analyses of water substances during typhoon landing processes[J]. Journal of Tropical Meteorology, 2018, 24(3): 300-313.

[142] XU H Y, ZHAI G Q, LI X F. Convective-stratiform rainfall separation of Typhoon Fitow (2013): a 3D WRF modeling study[J]. Terrestrial, Atmospheric and Oceanic Sciences, 2018, 29(3): 315-329.

[143] LI Q H, LU H C, ZHONG W, et al. Meso-scale transport characteristics and budget diagnoses of water vapor in binary typhoons[J]. Acta Physica Sinica, 2018, 67 (3): 039201.

[144] CHEN B Y, YU W K, DAI W J, et al. Assessing the performance of GPS tomography at retrieving water vapour fields during landfalling atmospheric rivers over southern California[J]. Meteorological Applications, 2020, 27(4): e1943.

[145] GUO M, ZHANG H W, XIA P F. A method for predicting short-time changes in fine particulate matter ($PM_{2.5}$) mass concentration based on the global navigation satellite system zenith tropospheric delay[J]. Meteorological Applications, 2020, 27 (1): e1866.

[146] 陈锐志, 王磊, 李德仁, 等. 导航与遥感技术融合综述[J]. 测绘学报, 2019, 48(12): 1507-1522.

[147] 李振海, 焦文海, 黄晓瑞, 等. GNSS 服务空域空间信号可用性比较与分析[J]. 宇航学报, 2013, 34(12): 1605-1613.

[148] 王笑蕾. 地基 GNSS 近地空间水环境遥感监测研究[D]. 西安: 长安大学, 2018.

[149] 李作虎. 卫星导航系统性能监测及评估方法研究[D]. 郑州: 解放军信息工程大

学,2012.

[150] 杨旭.多卫星导航系统实时精密单点定位数据处理模型与方法[D].徐州:中国矿业大学,2019.

[151] 孔建.联合 DORIS 和 GNSS 数据的四维电离层层析新算法及其应用[D].武汉:武汉大学,2014.

[152] 布金伟,左小清,金立新,等.BDS/QZSS 及其组合系统在中国和日本及周边地区的定位性能评估[J].武汉大学学报·信息科学版,2020,45(4):574-585.

[153] LINGWAL Y,KUMAR R,SINGH F B,et al. Estimation of differential code bias of IRNSS satellites using global ionosphere map[J]. INCOSE International Symposium,2019,29:408-418.

[154] TROLLER M,GEIGER A,BROCKMANN E,et al. Determination of the spatial and temporal variation of tropospheric water vapour using CGPS networks[J]. Geophysical Journal International,2006,167(2):509-520.

[155] THAYER G D. An improved equation for the radio refractive index of air[J]. Radio Science,1974,9(10):803-807.

[156] 张豹.地基 GNSS 水汽反演技术及其在复杂天气条件下的应用研究[D].武汉:武汉大学,2016.

[157] 高兴国,刘焱雄,冯义楷,等.GNSS 对流层延时映射函数影响分析比较研究[J].武汉大学学报·信息科学版,2010,35(12):1401-1404.

[158] NIELL A E. Global mapping functions for the atmosphere delay at radio wavelengths [J]. Journal of Geophysical Research:Solid Earth, 1996, 101 (B2): 3227-3246.

[159] BOEHM J,NIELL A,TREGONING P,et al. Global Mapping Function (GMF):a new empirical mapping function based on numerical weather model data[J]. Geophysical Research Letters,2006,33(7):L07304.

[160] BOEHM J,WERL B,SCHUH H. Troposphere mapping functions for GPS and very long baseline interferometry from European Centre for Medium-Range Weather Forecasts operational analysis data[J]. Journal of Geophysical Research:Solid Earth,2006,111(B2):1059-1075.

[161] HOPFIELD H S. Two-quartic tropospheric refractivity profile for correcting satellite data[J]. Journal of Geophysical Research,1969,74(18):4487-4499.

[162] SAASTAMOINEN J. Contributions to the theory of atmospheric refraction[J]. Bulletin Géodésique (1946-1975),1973, 107:13-34.

[163] BLACK H D,EISNER A. Correcting satellite Doppler data for tropospheric effects [J]. Journal of Geophysical Research:Atmospheres,1984,89(D2):2616-2626.

[164] BEVIS M,BUSINGER S,CHISWELL S,et al. GPS meteorology:mapping zenith wet delays onto precipitable water[J]. Journal of Applied Meteorology,1994,33(3):

379-386.

[165] 江鹏.地基 GNSS 探测 2D/3D 大气水汽分布技术研究[D].武汉:武汉大学,2014.

[166] JARRAUD M. Guide to meteorological instruments and methods of observation (WMO-No. 8)[M]. Geneva:World Meteorological Organisation,Switzerland,2008.

[167] PAVLIS N K,HOLMES S A,KENYON S C,et al. The development and evaluation of the Earth Gravitational Model 2008 (EGM2008)[J]. Journal of Geophysical Research:Solid Earth,2012,117(B4):B04406.

[168] VEDEL H. Conversion of WGS84 geometric heights to NWP model HIRLAM geopotential heights, Danish Meteorological Institute[J]. DMI scientific report,2000:0-4.

[169] LI J Y,ZHANG B,YAO Y B,et al. A refined regional model for estimating pressure,temperature,and water vapor pressure for geodetic applications in China[J]. Remote Sensing,2020,12(11):1713.

[170] YANG F,MENG X L,GUO J M,et al. The influence of different modelling factors on global temperature and pressure models and their performance in different zenith hydrostatic delay (ZHD) models[J]. Remote Sensing,2019,12(1):35.

[171] 王亚涛,王新珩,董育宁,等.基于 Kmeans 和动态 WKNN 的两层 Wi-Fi 改进定位方法[J].南京邮电大学学报(自然科学版),2017,37(5):41-47.

[172] 索建军.日蒸散多尺度移动平均及插值研究[J].人民长江,2018,49(8):35-39.

[173] 余凤塘,郑建萌,季泽顺,等.不同空间插值方法在昭通烤烟种植区气温与降水估算中的适用性评价[J].热带农业科学,2020,40(8):98-104.

[174] 黄岸烁,张宝一.一种基于距离场的三维地质空间属性插值方法[J].地质与勘探,2019,55(6):1510-1517.

[175] 胡泓达.利用气溶胶光学厚度遥感数据估算 $PM_{2.5}$ 浓度的时空回归克里金方法[D].武汉:武汉大学,2017.

[176] NGUYEN X, NGUYEN B, DO K, et al. Spatial Interpolation of meteorologic variables in vietnam using the Kriging method[J]. Journal of Information Processing Systems,2015, 11(1):134-147.

[177] 柴炳阳,白登辉,郑鹏民,等.克里金插值在冲击矿压空间预警中的应用[J].测绘科学,2020,45(8):164-173.

[178] 任伟杰.辽宁省 $PM_{2.5}$ 的时空克里金分析[D].大连:大连理工大学,2018.

[179] 卢月明.面向大气污染指数分析的时空协同克里金插值方法[D].北京:中国测绘科学研究院,2018.

[180] DU Z H,WU S S,KWAN M P,et al. A spatiotemporal regression-kriging model for space-time interpolation:a case study of chlorophyll-a prediction in the coastal areas of Zhejiang,China[J]. International Journal of Geographical Information Science,2018,32(10):1927-1947.

[181] FITZNER D,SESTER M. Estimation of precipitation fields from 1-minute rain gauge time series - comparison of spatial and spatio-temporal interpolation methods [J]. International Journal of Geographical Information Science,2015,29（9）：1668-1693.

[182] XIAO H P,ZHANG Z C,CHEN L L,et al. An improved spatio-temporal kriging interpolation algorithm and its application in slope[J]. IEEE Access,2020,8：90718-90729.

[183] GRÄLER B,REHR M,GERHARZ L,et al. Spatio-temporal analysis and interpolation of PM10 measurements in Europe for 2009[J]. ETC/ACM Technical Paper,2012,8：1-29.

[184] DE CESARE L,MYERS D E,POSA D. Product-sum covariance for space-time modeling：an environmental application[J]. Environmetrics,2001,12(1)：11-23.

[185] HARIK G R,LOBO F G,GOLDBERG D E. The compact genetic algorithm[J]. IEEE Transactions on Evolutionary Computation,1999,3(4)：287-297.

[186] 何琦敏,王坚,敖佳敏,等. IAGA 模型支持下的灾区基站组网优化[J]. 测绘通报,2017(8)：7-12.

[187] 黄良珂,彭华,刘立龙,等. 顾及垂直递减率函数的中国区域大气加权平均温度模型[J]. 测绘学报,2020,49(4)：432-442.

[188] 李炳,袁林果,卿龙,等. 顾及季节性变化的日本区域加权平均温度建模[J]. 大地测量与地球动力学,2020,40(8)：806-810.

[189] 何琦敏,张克非. 加权平均温度的非线性回归研究：第九届中国卫星导航学术年会-S01 卫星导航应用技术[C]. 哈尔滨：中国卫星导航学术年会组委会,2018：67-73.

[190] ZHAO Q Z,MA X W,YAO Y B. Preliminary result of capturing the signature of heavy rainfall events using the 2-d-/ 4-d water vapour information derived from GNSS measurement in Hong Kong[J]. Advances in Space Research,2020,66（7）：1537-1550.

[191] YAO Y,SHAN L,ZHAO Q. Establishing a method of short-term rainfall forecasting based on GNSS-derived PWV and its application[J]. Scientific Reports,2017,7(1)：1-11.

[192] 张卫星. 中国区域融合地基 GNSS 等多种资料水汽反演、变化分析及应用[D]. 武汉：武汉大学,2016.

[193] CHOY S,WANG C,ZHANG K,et al. GPS sensing of precipitable water vapour during the March 2010 Melbourne storm[J]. Advances in Space Research,2013,52(9)：1688-1699.

[194] 吴海英. 江淮地区不同天气背景下对流发展的差异性研究及其应用[D]. 南京：南京信息工程大学,2017.

[195] HE Q M,ZHANG K F,WU S Q,et al. Real-time GNSS-derived PWV for typhoon

characterizations:a case study for super typhoon mangkhut in Hong Kong[J]. Remote Sensing,2019,12(1):104.

[196] HE Q M,SHEN Z,WAN M F,et al. Precipitable water vapor converted from GNSS-ZTD and ERA5 datasets for the monitoring of tropical cyclones[J]. IEEE Access,2020,8:87275-87290.

[197] ZHAO Q Z,MA X W,YAO W Q,et al. A new typhoon-monitoring method using precipitation water vapor[J]. Remote Sensing,2019,11(23):2845.

[198] BENEVIDES P,CATALAO J,MIRANDA P MA. On the inclusion of GPS precipitable water vapour in the nowcasting of rainfall[J]. Natural Hazards and Earth SystemSciences,2015,15(12):2605-2616.

[199] BARINDELLI S,REALINI E,VENUTI G,et al. Detection of water vapor time variations associated with heavy rain in northern Italy by geodetic and low-cost GNSS receivers[J]. Earth,Planets and Space,2018,70:28.

[200] SAPUCCI L F,MACHADO L A T,DE SOUZA E M,et al. Global PositioningSystem precipitable water vapour (GPS-PWV) jumps before intense rain events:a potential application to nowcasting[J]. Meteorological Applications,2019,26(1):49-63.

[201] ONN F,ZEBKER H A. Correction for interferometric synthetic aperture radar atmospheric phase artifacts using time series of zenith wet delay observations from a GPS network [J]. Journal of Geophysical Research:Solid Earth, 2006, 111(B9):B09102.

[202] WON J,KIM D. Analysis of temporal and spatial variation of precipitable water vapor according to path of typhoon EWINIAR using GPS permanent stations[J]. Journalof Positioning,Navigation,and Timing,2015,4(2):87-95.

[203] TANG X,HANCOCK C M,XIANG Z Y,et al. Precipitable water vapour retrieval from GPS precise point positioning and NCEP CFSv2 dataset during typhoon events [J]. Sensors,2018,18(11):3831.

[204] WEI-JEN CHANG S. The orographic effects induced by an island mountain range on propagating tropical cyclones[J]. Monthly Weather Review, 1982, 110(9):1255-1270.

[205] WEI C C. Forecasting surface wind speeds over offshore Islands near Taiwan during tropical cyclones:comparisons of data-driven algorithms and parametric wind representations[J]. Journal of Geophysical Research:Atmospheres, 2015, 120(5):1826-1847.